地球信息科学基础丛书

高空间分辨率遥感影像地学计算

刘建华 杜明义 著

本书出版由以下项目资助

国家自然科学青年基金项目（41301489）
北京市自然科学基金项目（14D30094）
国家重点研发计划（2016YFB0501404）
北京市教委青年英才计划项目（YETP1647）
国家科技支撑计划项目（2012BAJ14B03）
北京建筑大学出版基金（CB2016009）
北京建筑大学建大英才（21082716012）
北京未来城市设计高精尖创新中心项目（UDC2016050100）

科学出版社
北京

内 容 简 介

本书探讨高空间分辨率光学遥感影像工程化应用中的关键技术环节，包括遥感影像预处理、遥感影像多尺度分割、遥感分割尺度计算以及遥感专题应用，重点描述基于对象影像分析思想的高空间分辨率遥感影像地学计算的工程化方法体系，用实例说明在工程实践环节中存在的科学问题与应对技术。

本书可作为大中专院校遥感资源环境领域的研究生、科研人员、地学教育工作者以及遥感图像工程应用从业人员的参考资料。

图书在版编目（CIP）数据

高空间分辨率遥感影像地学计算/刘建华，杜明义著. —北京：科学出版社，2017.2

（地球信息科学基础丛书）

ISBN 978-7-03-051636-7

Ⅰ. ①高⋯ Ⅱ. ①刘⋯ ②杜⋯ Ⅲ. ①空间分辨率-遥感图像-图像处理 Ⅳ. ①TP751

中国版本图书馆 CIP 数据核字（2017）第 020138 号

责任编辑：彭胜潮 丁传标 赵 晶 / 责任校对：何艳萍
责任印制：徐晓晨 / 封面设计：图阅社

科学出版社出版
北京东黄城根北街 16 号
邮政编码：100717
http://www.sciencep.com

北京京华虎彩印刷有限公司 印刷
科学出版社发行 各地新华书店经销
*
2017 年 2 月第 一 版　开本：787×1092 1/16
2018 年 4 月第二次印刷　印张：11 3/4
字数：278 000

定价：99.00 元
（如有印装质量问题，我社负责调换）

序

高分辨率遥感对地观测技术的发展日新月异，自20世纪90年代末美国IKONOS及QuickBird高空间分辨率遥感商业卫星发射以来，高分辨率卫星遥感发展已近20余载，诞生了在诸多行业领域的遥感专题应用系统及标志性创新成果。

进入21世纪以来，全球高分辨率遥感对地观测体系得到快速发展和完善。高分辨率遥感对地观测系统的总体发展趋势呈现出空间分辨率、光谱分辨率、时间分辨率、极化分辨率同时发展，对地观测数据质量和精度不断提高，多种分辨率对地观测数据综合应用，短覆盖周期、全天时、全天候观测能力加强，定量遥感技术稳步发展且在各领域的应用不断扩大，产业化发展迅速。高空间分辨率光学遥感影像所描述的地物几何与属性信息十分丰富，可更加直观和精细地表现出地物的空间结构和格局分布信息，它的出现使得在较小的空间尺度上观察地表细节变化、进行大比例尺遥感制图，以及监测人类活动对环境的影响成为可能；其在地图数据生产与更新、变化检测、地籍调查、城市规划、环境评价、精细农业、林业测量、军事目标识别和灾害评估等领域存在巨大的应用潜力，影像信息提取自动化程度低是其应用潜力得不到充分发挥的主要限制因素，是当前理论和应用研究中必须突破的瓶颈。

我国"高分专项"自2010年经过国务院批准启动实施以来，在"十二五"期间已经取得阶段性成果。"高分专项"工程是我国中长期科学和技术发展规划纲要(2006~2020年)的16个重大科技专项之一。该工程将统筹建设基于卫星、平流层飞艇和飞机的高分辨率对地观测系统，完善地面资源，并与其他观测手段结合，形成全天候、全天时、全球覆盖的对地观测能力，由天基观测系统、临近空间观测系统、航空观测系统、地面系统、应用系统等组成。目前，随着高分系列与资源系列卫星的陆续发射，以及其他商业遥感卫星观测系统(如"吉林一号"卫星群)统筹协调工作的大力推进，在国家相关遥感空间信息产业发展成果转化、技术扶持等政策的引导下，我国高分遥感商业化增值服务产业发展迅猛。

该书基于作者多年的行业研究实践积累，以及科研项目式教学方法的创新成果，按照基于对象的高分辨率遥感影像分析及工程化应用导向来组织全书的内容结构，涵盖基本概念归纳总结、高空间分辨率遥感影像预处理、高空间分辨率遥感影像多尺度分割、尺度计算最新研究进展，以及高分辨率遥感专题应用等方面，涉及基于对象遥感影像分析内容体系最新研究领域的多个方面，丰富了该领域的研究内容和技术成果。

基于对象的高空间分辨率遥感影像地学计算是一个新兴的研究领域，尚未形成一个完整的学科体系，作者在基于对象的高空间分辨率遥感影像地学计算及工程化应用创新方面寻求更广泛的交流，期望能为促进高分遥感信息服务行业的蓬勃发展助一臂之力。

2016 年 11 月 13 日

前　言

受国防安全、经济建设、地学研究等多因素的强力推动，遥感对地观测技术日益精进，对地观测系统获取数据的能力和质量均得到大幅度提高，呈现出高空间、高光谱和高时间分辨率的发展趋势，尤其是近年来，随着航空倾斜摄影测量、激光雷达(light detection and ranging, LiDAR)，以及高空间分辨率卫星遥感对地观测技术作为更加高效的空间数据采集手段的出现，对地观测系统获取空间数据的空间解析度和地物目标可辨识能力均得到大幅度提高，然而地物信息提取自动化程度低仍是这些数据应用潜力得不到充分发挥的主要限制因素，是理论和应用研究中必须突破的瓶颈。当前，影像数据量爆炸与处理能力严重不足的矛盾日益尖锐，发展更加高效的高空间分辨率遥感影像数据挖掘理论与技术方法迫在眉睫。

近 10 年来，研究人员相继提出了基于对象的遥感影像分析方法(geographic object-based image analysis, GEOBIA)及相关技术。作为"高分辨率对地观测的若干前沿科学问题"——遥感影像理解与信息提取核心技术之一的多尺度影像分割以任意尺度生成几何与属性信息丰富的物理影像基元(满足几何与光谱同质性准则的邻接像元集合)，继而以物理影像基元为基本空间分析单元，利用其几何特征与光谱统计信息实现对地物语义影像目标(物理影像基元或由其组合形成的影像区域的地学语义描述)的自动识别与分类。由于空间分辨率高，大量光谱空间异质性大的语义影像目标内部光谱响应变异增大，高空间分辨率遥感影像上普遍存在"同物异谱"与"异物同谱"现象，这也是运用传统基于像元的方法进行分类或识别时精度较低的主要原因。迄今为止，已经实现的作为 GEOBIA 核心技术的多尺度分割方法仍存在不同程度的局限性，如分割尺度参数模型的适应性差、多尺度分割中对象特征信息的利用与耦合不足、分割参数设置过多地依赖经验，以及多尺度分割对象与现实语义地物目标不一致等问题。因此，基于对象的高空间分辨率遥感影像信息自动提取工程仍停留在实验研究与半生产阶段。

本书初步探讨了基于对象的高空间分辨率光学遥感影像工程化应用中的几个关键技术环节，顾及分割效果的影像预处理、遥感影像多尺度分割、遥感分割尺度计算，以及遥感专题应用等方面，重点突出了基于对象影像分析思想的高空间分辨率遥感影像地学计算的工程化方法体系，实例化说明了在工程实践环节中存在的科学问题与应对技术。全书共分为 5 章。第 1 章简述了高空间分辨率遥感影像地学计算的数据源、存在问题及发展趋势；第 2 章讨论了高空间分辨率遥感影像预处理技术，重点分析了顾及多尺度分割效果的影像融合与滤波技术；第 3 章与第 4 章主要论述了高空间分辨率遥感影像多尺度分割方法，以及尺度计算理论研究进展，创新性地提出了基于对象影像分析思想的语义影像目标、物理影像基元，以及共生尺度计算等概念体系；第 5 章以高空间分辨率遥感影像地学计算的工程化应用为出发点，以工程实例化方式探讨了高空间分辨率光学遥感影像应用的整个过程。

从遥感影像工程的角度出发，基于影像对象分析的思想，进行多尺度影像特征高空间分辨率遥感影像地学计算研究，着力探索遥感影像工程化应用的新技术和新途径，对于发展和完善基于对象的影像识别与分类技术，改善高空间分辨率遥感影像分类与目标识别的精度和自动化水平具有重要的理论和现实意义。随着我国"高分专项"重大发展战略的有序推进，在高分辨率遥感行业诸多科研工作者与工程实践者的大力推动下，期望 GEOBIA 理论与技术研发成果在我国"资源系列"与"吉林一号"等国产高分辨率遥感卫星数据上得到广泛的工程化应用。

在本书编写和出版的过程中，得到了许多师长们的关心和支持。感谢毛政元教授、陈崇成教授以及汪小钦研究员的关怀，感谢中国科学院遥感与数字地球研究所骆剑承研究员的关心，感谢南京师范大学地理科学学院汤国安教授多年来的帮助。研究生程昊参与了全书文稿的校对工作。

基于对象的高空间分辨率遥感影像地学计算是一个正处于不断发展的新领域，需要进一步探索的科学与工程问题还很多。由于作者知识水平和行业经验有限，书中难免出现疏漏和不足，敬请广大读者批评指正。

刘建华
2016 年 7 月于北京

目 录

序
前言
第1章 绪论 ··· 1
  1.1 概述 ·· 1
  1.2 高空间分辨率遥感影像 ·· 2
  1.3 存在问题及发展趋势 ·· 4
    1.3.1 存在问题 ··· 4
    1.3.2 发展趋势 ··· 6
  参考文献 ·· 6
第2章 高空间分辨率遥感影像预处理 ·· 9
  2.1 高空间分辨率遥感影像预处理技术 ·· 9
  2.2 高空间分辨率遥感影像融合处理 ·· 10
    2.2.1 高空间分辨率遥感影像融合 ··· 10
    2.2.2 影像融合实验 ··· 11
    2.2.3 实验结论 ··· 18
  2.3 高空间分辨率遥感影像滤波处理 ·· 19
    2.3.1 影像滤波实验 ··· 19
    2.3.2 实验结论 ··· 24
  参考文献 ·· 26
第3章 高空间分辨率遥感影像多尺度分割 ··· 28
  3.1 概述 ·· 28
  3.2 高空间分辨率遥感影像分割方法 ·· 29
    3.2.1 影像分割的相关概念 ·· 29
    3.2.2 基于像元的分割方法 ·· 30
    3.2.3 基于边缘检测的分割方法 ·· 32
    3.2.4 基于区域的分割方法 ·· 33
    3.2.5 基于物理模型的分割方法 ·· 33
    3.2.6 结合特定数学理论、技术和方法的分割方法 ·· 34
  3.3 高空间分辨率遥感影像分割的基本策略 ·· 35
  3.4 高空间分辨率遥感影像的边缘信息提取 ·· 36
    3.4.1 改进的 Canny 矢量边缘检测算法 ··· 37
    3.4.2 改进的 Canny 加权矢量与标量边缘检测算法 ·· 39
    3.4.3 矢量边缘检测及加权矢量与标量边缘检测实验 ·· 39
  3.5 基于区域的高分辨率遥感影像分割方法 ·· 44
    3.5.1 均值漂移向量的基本形式 ·· 45

3.5.2　均值漂移算法的扩展 ··46
　　3.5.3　多变量核函数密度估计 ··46
　　3.5.4　高分影像空值域联合的核密度梯度估计 ··48
　　3.5.5　空值域联合的多尺度均值漂移分割算法及流程 ··49
　　3.5.6　空值域联合的多尺度均值漂移算法分割实验 ···50
　3.6　边缘区域集成的高分辨率遥感影像分割 ···64
　　3.6.1　边缘与区域集成的策略 ··64
　　3.6.2　AICMS 算法概述 ···66
　　3.6.3　AICMS 算法及流程 ··67
　　3.6.4　AICMS 算法分割实验 ···68
　　3.6.5　AICMS 与 eCognition®多尺度分割算法对比分析 ··96
　参考文献 ·· 106

第 4 章　高空间分辨率遥感分割尺度计算 ·· 121
　4.1　概述 ·· 121
　4.2　尺度计算 ·· 122
　　4.2.1　尺度计算与高空间分辨率遥感影像多尺度分割 ··· 122
　　4.2.2　存在问题 ·· 124
　4.3　遥感影像分割尺度计算分析 ··· 126
　　4.3.1　尺度计算基础理论 ·· 126
　　4.3.2　遥感影像分割尺度计算方法体系 ··· 127
　4.4　基于矢量边缘的全局尺度计算 ··· 138
　　4.4.1　方法 ·· 138
　　4.4.2　实验与讨论 ·· 140
　4.5　结论 ·· 152
　参考文献 ·· 153

第 5 章　高空间分辨率遥感专题应用 ··· 157
　5.1　水体应用 ·· 157
　　5.1.1　概述 ·· 157
　　5.1.2　分割轮廓自适应简化算法 ·· 158
　　5.1.3　实验及讨论 ·· 162
　　5.1.4　结论与展望 ·· 171
　5.2　街景应用 ·· 171
　　5.2.1　概述 ·· 171
　　5.2.2　井盖目标定位识别算法 ·· 173
　　5.2.3　算法应用与实验结果 ··· 175
　　5.2.4　结论 ·· 177
　参考文献 ·· 177

第1章 绪　　论

1.1 概　　述

受地学研究、经济建设和国防安全等多种因素的强力推动，遥感对地观测技术日益精进，对地观测系统获取空间数据的能力和质量均得到大幅度提高，呈现出高空间、高光谱和高时间分辨率的发展趋势，并因其几乎不受时空限制而逐渐成为获取空间数据的主流方式，在世界各国得到竞相发展。与此形成鲜明对比的是，受遥感影像数据处理环节的制约，遥感应用严重滞后于遥感技术本身的发展。在我国，航天遥感领域"重上天，轻应用"的现象仍然十分明显，现有国产卫星影像数据应用率偏低，这种现状直接导致了数据爆炸与知识贫乏的矛盾：一方面，大量遥感影像数据没有经过有效处理和充分使用，即被闲置；另一方面，各类应用部门却在为得不到规划、管理和决策所需的空间信息而发愁[1-2]。近年来，随着遥感数据获取技术(如 LiDAR、倾斜摄影测量等)的进一步发展，遥感影像的时、空、谱分辨率越来越高，影像数据量爆炸与处理能力严重不足的矛盾日益尖锐，发展更加高效的遥感影像数据挖掘理论与技术方法迫在眉睫。

高空间分辨率遥感影像是诸多遥感影像数据类型中的一种，它具有地物几何与属性细节信息丰富、目视效果直观等特点，在地图数据生产与更新、变化检测、地籍调查、城市规划、环境评价、精细农业、林业测量、军事目标识别和灾害评估等领域存在巨大的应用潜力，影像信息提取自动化程度低是其应用潜力得不到充分发挥的主要限制因素，是理论和应用研究中必须突破的瓶颈。

由于空间分辨率高，大量光谱空间异质性大的语义影像目标内部光谱响应变异增大，高空间分辨率遥感影像上普遍存在"同物异谱"与"异物同谱"现象，这是运用传统方法进行分类或识别时精度较低的主要原因[3]。为了克服传统分类方法的不足，提高处理高空间分辨率遥感影像数据的精度和效率，近年来研究人员提出了基于对象的遥感影像分析方法[4-9]，其基本出发点是通过分割以任意尺度生成属性信息丰富的物理影像基元，再以物理影像基元为基本空间分析单元，利用其光谱、形状、纹理等属性信息实现地理对象，以及要素类型的自动识别与分类。目前，该方法已经成为高空间分辨率遥感影像分类与目标识别领域的主要发展趋势[10-11]。

与传统分类方法(基于像元的遥感数据处理和分析)不同，基于对象遥感影像分析方法首先通过分割得到不同尺度的物理影像基元(也称为影像对象)[12]，再提取分割物理影像基元的各种特征，并在特征空间中对其进行地理对象识别和标识，完成信息提取与分类等工作。其中，影像分割是基于对象高空间分辨率遥感影像处理、分析、识别与理解的关键技术环节。与基于像元的遥感数据处理方法相比，基于对象遥感影像分析方法具有以下优点[13]：其一，基于影像对象的分类与识别思想更符合人类的认知心理和习惯，有利于同时利用计算机系统的定量分析功能和人类的直观形象推理能力进行交互式解译，改善影像分析和处理的结果。其二，以影像对象为基本空间单元，在分类与识别过程中可利用更加丰富的属性信息来判断对象间的同质性与异质性，为解决高空间分辨率遥感影像上普遍存在的"同物异谱"和"异物同谱"问题提供科学依据，在改善分类与识别精度的同时提高影像处理和分析的效率。其三，以影像对象为基本空间单元的分类与识别便于在处理过程中调用地理信息系统的空间分析功能，使得遥感影像的分类与目标识别结果可以更加方便地用于更新空间数据库，实现遥感和地理信息系统的集成。但从总体上看，基于对象遥感影像分析方法的相关研究目前仍处于起步阶段，理论和技术尚不成熟，其中最根本的困难或者说最大的阻力正是来自于遥感影像分割这个环节。迄今为止，已经实现的分割算法均存在不同程度的局限性[14-23]，如分割尺度参数模型的适应性差、多尺度分割中对象特征信息的利用与耦合不足、分割参数设置过多地依赖经验，以及多尺度分割对象与现实语义地物目标不一致等问题。因此，基于对象的高空间分辨率遥感影像信息自动提取仍停留在试验研究阶段。

从遥感影像工程的角度出发，基于对象影像分析的基本思想，进行多尺度影像特征高空间分辨率遥感影像地学计算研究，着力探索遥感影像工程化应用的新技术和新途径，对于发展和完善基于对象的影像识别与分类技术，改善高空间分辨率遥感影像分类与目标识别的精度和自动化水平具有重要的理论和现实意义。

1.2　高空间分辨率遥感影像

高分辨率遥感影像，一般是高空间分辨率、高光谱分辨率和高时相分辨率影像的统称，按照传感器成像方式的原理，三者都有雷达影像与光学影像两个子类。如无特别说明，本书所提到的高分辨率专指高空间分辨率光学遥感影像（如 GeoEye、WorldView、QuickBird、IKONOS、航空影像等，亦为本书的主要研究对象）。高空间分辨率光学遥感影像（以下简称为"高空间分辨率遥感影像"或"高空间分辨率影像"或"高分辨率影像"或"高分影像"）所描述的地物几何与属性信息十分丰富，可更加直观和精细地表现出地物的空间结构和格局分布信息，它的出现使得在较小的空间尺度上观察地表细节变化、进行大比例尺遥感制图，以及监测人类活动对环境的影响成为可能。

20 世纪 90 年代"冷战"结束以后，俄罗斯将原苏联解体前从空间拍摄的高分辨率影像以低廉的价格出售给其他国家，美国政府也于 1994 年解除了对高于 10m 空间分辨率卫星遥感数据的商业销售禁令，从而使得高空间分辨率遥感真正走进了应用市场。近年来，高分辨率遥感卫星服务的商业化发展进一步促进了基于高空间分辨率影像数据的科研与应用。

自 1999 年以来，美国 IKONOS II 号 1m 分辨率和 QuickBird 0.61m 分辨率卫星遥感影像数据占据了全球高分辨率遥感影像数据的主要市场，并得到了非常广泛的应用，成为了高空间分辨率遥感影像的代表，大大缩小了卫星影像与航空影像之间分辨能力的差别，打破了较大比例尺测图只能依靠航空遥感的局面。当前空间分辨率最高的商用遥感卫星传感器 GeoEye 的全色影像空间分辨率高达 0.41m。

表 1-1 列出了当前主要的高空间分辨率商业卫星传感器。

表 1-1 当前主要的高空间分辨率商业卫星传感器

卫星/传感器	国家或地区	发射日期(年-月-日)	空间分辨率	幅宽/km
IKONOS-2	美国	1999-9-24	全色 1m，多光谱 4m	11
EROSA-1	以色列	2000-12-5	1.8 m	14
QuickBird-2	美国	2001-10-18	全色 0.61m；多光谱 2.44m	16
SPOT-5	法国	2002-5-4	全色 2.5m，多光谱 10m	全色 120
OrbView-3	美国	2003-6-26	全色 1m，多光谱 4m	8
RocSat-2	中国台湾	2004-4-20	全色 2m，多光谱 8m	24
IRS CartoSat-1	印度	2005-5-4	全色 2.5m	30
Beijing-1	中国	2005-10-27	全色 4m，多光谱 32m	全色 24
TopSat（SSTL）	英国	2005-10-27	全色 2.5m，多光谱 5m	全色 10
ALOS	日本	2006-1-24	全色 2.5m，多光谱 10m	全色 35
IRS CartoSat-2	印度	2006-3-30	全色 1m	10
TerraSAR-X	德国	2006-4-15	1m	
EROS-B	以色列	2006-4-25	全色 0.7m，多光谱 2.5m	16
COMPSAT-2	韩国	2006-5-1	全色 1m，多光谱 4m	15
Resurs DK-1（01-N5）	俄罗斯	2006-5-1	全色 1m，多光谱 3m	28
RadatSat-2	加拿大	2006-12-15	3m	
COSMO-Sky-Med-1,2,3	意大利	2007-6-8 2007-12-9 2008-10-25	1m	
WorldView-1,2,3	美国	2007-9-18 2009-10-6 2014-8-13	1,2:全色 0.46m，多光谱 1.8m（8 波段） 3:全色 0.31m，多光谱 1.2m（8 波段）	1,2:16；3:13.1
GeoEye-1	美国	2008-9-6	全色 0.41m，多光谱 1.65m	15.2
资源三号	中国	2012-1-9	前视、后视：3.5m 正视：2.1m 多光谱：5.8m	52
高分一号	中国	2013-4-26	全色 2m，多光谱 8/16m	60/800
高分二号	中国	2014-8-19	全色 1m，多光谱 4m	45
吉林一号	中国	2015-10-7	全色 0.72m，多光谱 2.88m	

进入 21 世纪后，全球高分辨率遥感对地观测体系得到不断发展和完善。高分辨率对地观测系统的总体发展趋势为空间分辨率、光谱分辨率、时间分辨率、极化分辨率同时发展，对地观测数据质量和精度不断提高，多种分辨率对地观测数据综合应用，短覆盖周期、全天时、全天候观测能力加强，定量遥感技术稳步发展且在各领域的应用不断扩大，产业化发展迅速[1]。

1.3 存在问题及发展趋势

1.3.1 存在问题

随着航空倾斜摄影测量、激光雷达(light detection and ranging, LiDAR)和高空间分辨率卫星遥感对地观测技术作为更加高效的空间数据采集手段的出现,对地观测系统获取空间数据的空间解析度和地物目标可辨识能力均得到大幅度提高,然而地物信息提取自动化程度低仍是这些数据应用潜力得不到充分发挥的主要限制因素,是理论和应用研究中必须突破的瓶颈。

近 10 年来,研究人员[1, 14, 24-35]相继提出了基于对象的遥感影像分析方法(geographic object-based image analysis, GEOBIA)及相关技术;作为"高分辨率对地观测的若干前沿科学问题"——遥感影像理解与信息提取[26]核心技术之一的多尺度影像分割以任意尺度生成几何与属性信息丰富的物理影像基元(满足几何与光谱同质性准则的邻接像元集合),继而以物理影像基元为基本空间分析单元,利用其几何特征与光谱统计信息实现对地物语义影像目标(物理影像基元或由其组合形成的影像区域的地学语义描述)的自动识别与分类。目前,基于 GEOBIA 方法且已经初步商业化的多尺度影像分割方法以集成在 eCognition®和 Feature Analysis®软件中的算法为代表;此外,各类文献介绍的影像分割方法及实现的算法很多[12,20,23,37-39];但这些方法或算法应用于高空间分辨率遥感影像分割时仍明显存在以下 3 方面的局限性。

1. 地物语义影像目标空域尺度与多特征值域尺度的自适应精确计算问题

问题 1 是多尺度影像分割方法研究领域的一个核心问题[33-37, 40-44]。GEOBIA 中的尺度应该是指在多尺度影像分割过程中由物理影像基元构成的分割区域所对应的语义影像目标几何与光谱特征模式异质性最小的阈值。一般语义影像目标与有待识别或分类的物理影像基元之间的匹配程度(主要包括几何轮廓与光谱特征两方面)是检验分割算法优劣的最佳准则[52, 69]。然而,由于地理对象空间分布的尺度差异性,以及高空间分辨率遥感影像数据自身的复杂性(如高分辨率影像是一个多尺度地物分布的复杂统一),很难在一定的分割尺度参数(不能用单一的尺度来描述其特性,并且这些参数都需要人为的确定,有时甚至需要目视解译修改对象的属性等[26];笔者认为其算法缺乏自适应性)条件下实现语义影像目标与物理影像基元两者的统一。分割参数设置过多依赖经验,导致影像分割与识别过程自动化程度降低且分割精度下降;过度的参数依赖性与不确定性、处理目标的单一性,造成方法普适性较差。分割得到的物理影像基元在当前兴趣尺度下的不合理合并或拆分,是导致不一致性问题的技术根源(其一,物理影像基元存在粗差;其二,合并或拆分规则不合理)。此外,对语义影像目标的定义需要符合影像理解的层次性特点,对已经构成了一个微观复杂格局的语义影像目标群,必须通过空间格局分析等途径给予最终识别与理解,仅寄希望于物理影像基元的归并来获取更高尺度层次的地物语义影像目标显然是不合理的(类似于地图概括理论)[47]。显然，目前提出的尺度计算模型或方法均无法有效避免上述问题：①基于光谱值域统计计算获取尺度，这类方法本质上还是基于传统像元光谱特征分析的思想。例如，平均局部方差法[40]及其改进的方法[33,41-43,51-53](面积相对差法)，基于信息熵的方法[34]等均存在局限性(忽略或难以自适应量化在光谱值域统计计算时空域尺度差异和统计类别间及类别内地物目标间的尺度差异性)。此外，eCognition®软件集成的多尺度分割算法同时运用光谱异质性统计值和形状异质性指数(紧凑度和平滑度)来约束生成的物理影像基元，但该算法的这些参数值不能自适应定量获取，必须由大量随机性人工尝试来确定。因此，如何从影像自身的性质出发确定合理的分割参数、尽可能地利用先验知识指导分割、通过减少主观因素的制约优化现有算法将成为该研究领域努力的主要方向。②地物语义影像目标尺度与地物类别最优尺度。高空间分辨率遥感影像具有描述地物几何与属性细节信息丰富、目视效果直观等优点，其已具备作为地物识别基础数据的基本潜质。"类内同质性大，类间异质性大"等准则已不适用于高空间分辨率遥感影像精细化尺度计算；显然即便是同类地物之间，其空域尺度差异或光谱值域差异也可能很大(在高空间分辨率光学遥感影像中这类现象十分普遍且无法避免)，该类地物目标之间并不具备理想的尺度相似性，地物类别最优尺度将难以达到对同类地物语义影像目标尺度的精细化描述。因此，理论与应用研究中应进一步探讨特定空域尺度条件下邻接物理影像基元间的区分与归并准则，并促使尺度层次实例化到具体地物语义影像目标等级。

2. 特定尺度条件下地物语义影像目标轮廓优化与概括问题

问题2是在问题1的基础上工程化应用面临的最迫切问题，其有效解决需借助问题3。在特定尺度条件下，地物语义影像目标轮廓优化与概括问题将是 GEOBIA 方法能否工程化成功应用的关键。基于物理影像基元多特征模式识别与分类可借鉴经典的模式识别理论与方法(目标识别方法本身已经较为成熟，可以参考当前人工智能与模式识别领域的最新研究成果)，而进行地物语义影像目标轮廓优化与概括存在识别前预处理，以及识别后处理两种思路。eCognition®多尺度分割算法在分割时即运用形状异质性参数(紧凑度和平滑度)来约束生成物理影像基元的轮廓形状。地物语义影像目标轮廓优化与概括将涉及"语义鸿沟"的跨越难题，一般借助地物目标先验知识模型的后处理方式在地物语义影像目标轮廓优化与概括中将更具有优势，并有助于最终实现基于语义影像目标的 GIS 制图精度级别的轮廓线描述。目前，该方面研究成果主要以特殊地物类型[14,35,48,53]如建筑物、道路、立交桥、绿地及水体等地物目标信息的提取为主。轮廓优化与概括的研究成果则多见于传统 GIS 地图综合中[20,39,53,54]，针对语义影像目标几何轮廓特点的优化与概括技术[55-56]仍有待于更深入的研究，以破解 GEOBIA 方法工程化应用的瓶颈。

3. 对高空间分辨率光学遥感影像进行多尺度分割时数据自身的局限性问题

问题3是问题1与问题2的数据基础。对于高空间分辨率光学遥感影像(如 GeoEye、WorldView、QuickBird 等)，由于空间分辨率大幅提高，大量语义影像目标内部光谱空间异质性响应变异急剧增大，影像上普遍存在"同物异谱"与"异物同谱"现象[4,50]，这是运用传统基于像元的方法进行分类与识别时精度较低的主要原因,也是 GEOBIA 方法需着力解决的首要问题。LiDAR 点云数据能提供有助于地物目标识别的高程等信息,且便于对阴影及部分遮挡地物目标的识别,但同时其存在边缘精度问题[57]及缺乏地物光谱和语义信息的缺点[60]。最新研究表明[57-60],将 LiDAR 点云数据与高空间分辨率遥感影像数据相结合是实现两者优势互补的基本途径,并且最新的机载激光雷达系统(如 Optech ALTM 等)大都集成了高分辨率多光谱成像仪,为两者进行联合处理提供了优质的数据源,为问题 1 和问题 2 的有效解决奠定了良好的数据基础。

综上所述,自适应分割尺度粒度计算属于高空间分辨率遥感影像多尺度分割技术的关键,而基于多尺度影像分割的对象获取技术则是 GEOBIA 的核心问题。地理对象空间分布的尺度差异性[61],以及高空间分辨率遥感影像数据自身的复杂性[3, 14]增加了该问题求解的难度。

1.3.2 发展趋势

近 10 年,GEOBIA 技术已经得到了长足的发展,通过上述问题分析(简言之,即尺度问题、工程化应用问题,以及多源数据融合问题)可知,围绕这些问题的求解之道将是未来高空间分辨率遥感影像地学计算探索的主要趋势。

在利用 LiDAR 与高空间分辨率遥感影像数据互补优势的基础上,建议开展空域尺度与值域尺度联合的高空间分辨率遥感影像自适应分割尺度粒度计算方法研究。空域尺度能在分割过程中指导性地给出当前在何种影像空间范围内进行计算并获取最优物理影像基元,避免盲目性的全局或局部邻域窗口运算;值域尺度在相对给定空域尺度范围内计算和衡量光谱与高程等信息的同质性,两者的联合计算将对优化多尺度分割算法的自适应性和分割精度具有突破性的提高。

以基于权特征空间矢量边缘信息[41, 62]空域尺度计算模型[47]、给定空域尺度范围内空间自相关[49, 63]多特征值域统计分析、空值域协同的邻域同质性测度为基础,针对自适应分割尺度粒度计算研究中的局限性,建议开展空值域联合的高分辨率遥感影像自适应分割尺度粒度计算方法研究,拓展多尺度分割的尺度计算理论基础,破解基于 GEOBIA 方法工程化应用中的关键技术问题,期望最终为解决高分辨率遥感影像自适应分割及影像信息自动化提取提供新的途径。

参 考 文 献

[1] 周成虎,骆剑承. 高分辨率卫星遥感影像地学计算. 北京:科学出版社,2009.

[2] 陈秋晓. 高分辨率遥感影像分割方法研究. 北京:中国科学院. 地理科学与资源研究所博士学位论文,2004.

[3] 刘建华,毛政元. 高空间分辨率光学遥感影像分割方法研究综述. 遥感信息,2009,6(9):95-101.

[4] Blaschke T, Strobl J. What's wrong with pixels? Some recent developments interfacingremote sensing and GIS. GeoBIT/GIS, 2001, 14:12-17.

[5] Lobo A, Chic O, Casterad A. Classification of mediterranean crops with multisensor data: per-pixel versus per-object statistics and image segmentation. International Journal of Remote Sensing,1996, 17(12): 2358-2400.

[6] Blaschke T, Lang S, Lorup E, et al. Object-oriented image processing in an integrated GIS/remote sensing environment and

perspectives for environmental applications. Environmental Information for Planning, 2000,2: 555-570.

[7] Baatz M, Schäpe A. Multiresolution segmentation-an optimization approach for high quality multi-scale image segmentation// Strobl J, et al. (Hrsg.): Angewandte Geographische Informationsverarbeitung XII.Karlsruhe: Herbert Wichmann Verlag, 2000: 12-23.

[8] Schiewe J, Tufte L, Ehlers M. Potential and problems of multi-scale segmentation methods in remote sensing.GIS–Zeitschrift für Geoinformationssystem, 2001,(6): 34-39.

[9] Giada S, Groeve T D, Ehrlich D. Information extraction from very high resolution satellite imagery over Lukole refugee camp, Tanzania. International Journal of Remote Sensing, 2003, 24(22): 4251-4266.

[10] Wang Z, Wei W, Zhao S. Object-oriented classification and application in land useclassification using SPOT-5 PAN imagery. International Geoscience and Remote SensingSymposium (IGARSS), 2004, 5(5): 3158-3160.

[11] Hurd J D, Civco D L, Gilmore M S. Tidal Wetland Classification from Landsat ImageryUsing an Integrated Pixel-Based and Object-Based Classification Approach. Reno, Nevada: ASPRS 2006Annual Conference, 2006.

[12] 章毓晋. 图象分割. 北京: 科学出版社, 2001.

[13] 蔡银桥, 毛政元. 基于多特征对象的高分辨率遥感影像分类方法及其应用. 国土资源感, 2007,(9): 77-81.

[14] 宫鹏, 黎夏, 徐冰. 高分辨率影像解译理论与应用方法中的一些研究问题. 遥感学报, 2006, 10(1): 1-5.

[15] Fu K S, Mui J K. A survey on image segmentation. Pattern Recognition, 1981, 13(1):3-16.

[16] Pal S K. A review on image segmentation techniques. Pattern Recognition, 1993, 26(9):1277-1294.

[17] Skarbek W, Koschan A. Colour Image Segmentation-A Survey. http://imaging.utk.edu/~koschan/paper/coseg[2016-7-15].

[18] 罗希平, 田捷, 诸葛婴, 等. 图像分割方法综述. 模式识别与人工智能, 1999, 12(3): 300-312.

[19] 王爱民, 沈兰荪. 图像分割研究综述. 测控技术, 2000, 19(5): 20-24.

[20] Cheng H D, Jiang X H, Sun Y, et al. Color image segmentation: advances and prospects. Pattern Recognition, 2001, 34(12):2259-2281.

[21] 林瑶, 田捷. 医学图像分割方法综述. 模式识别与人工智能, 2002, 15(2): 192-204.

[22] 林开颜, 吴军, 徐立鸿. 彩色图像分割方法综述. 中国图象图形学报, 2005, 10(1): 1-10.

[23] Zhang Y J. Advances in Image and Video Segmentation: An Overview of Imageand Video Segmentationin the Last 40 Years.http://www.ee.tsinghua.edu.cn/~zhangyujin/3_5.htm[2016-7-15].

[24] Blaschke T. Object based image analysis for remote sensing. ISPRS Journal of Photogrammetry and Remote Sensing, 2010, 65(1): 2-16.

[25] Benz U C, Hofmann P, Willhauck G, et al. Multi-resolution, object-oriented fuzzy analysis of remote sensing data for GIS-ready information. ISPRS Journal of Photogrammetry and Remote Sensing, 2004, 58(3–4):239-258.

[26] 李德仁, 童庆禧, 李荣兴, 等. 高分辨率对地观测的若干前沿科学问题.中国科学: 地球科学, 2012, 42(6): 805-813.

[27] 陈述彭. 地学信息图谱的探索研究. 北京: 商务印书馆, 2001.

[28] 骆剑承, 周成虎, 沈占锋.遥感信息图谱计算的理论方法研究.地球信息科学学报, 2009, 11(5): 664-669.

[29] 刘永学, 李满春. 基于边缘的多光谱遥感图像分割方法. 遥感学报, 2006, 10(3):350-356.

[30] 肖鹏峰, 冯学智, 赵书河, 等.基于相位一致的高分辨率遥感图像分割方法. 测绘学报,2007, 36(2):146-151.

[31] 张学良, 肖鹏峰, 冯学智. 基于图像内容层次表征的遥感图像分割方法.中国图象图形学报, 2012, 17(1): 142-149.

[32] 李晖, 肖鹏峰, 冯学智, 等. 结合光谱和尺度特征的高分辨率图像边缘检测算法. 红外与毫米波学报,2012, 31(5):469-474.

[33] 黄惠萍. 面向对象影像分析中的尺度问题. 北京: 中国科学院遥感应用研究所, 2003.

[34] 韩鹏, 龚健雅, 李志林, 等. 遥感影像分类中的空间尺度选择方法研究. 遥感学报, 2010, 14(3): 507-518.

[35] Chen G, Hay G J. An airborne lidar sampling strategy to model forest canopy height from QuickBird imagery and GEOBIA. Remote Sensing of Environment,2011,115(6): 1532-1542.

[36] Gang C,Geoffrey J H, Luis M T, et al. Object-based change detection, International journal of Remote Sensing, 2012, 33(14):4434-4457.

[37] Yang Jian, Li Peijun, He Yu hong.A multi-band approach to unsupervised scale parameter selection for multi-scale image segmentation. ISPRS Journal of Photogrammetry and Remote Sensing, 2014, 94: 13~24.

[38] Monteiro F C, Campilho A C. Performance evaluation of image segmentation. in Proc.International Conference on Image Analysis & Recognition. ICIAR (1), 2006, 4141 (3): 248-259.

[39] Vantaram S R, Saber E. Survey of contemporary trends in color image segmentation. Journal of Electronic Imaging, 2012,21(4): 177-187.

[40] Wondcock C E, Strahler A H. The factor of scale in remote sensing. Remote Sensing of Environment, 1987,21(3): 311-332.

[41] Aplin P. On scales and dynamics in observing the environment. International Journal of Remote Sensing, 2006, 27(11): 2123-2140.

[42] Espindola G, Câmara G, et al. Parameter selection for region-growing image segmentation algorithms using spatial autocorrelation. International Journal of Remote Sensing, 2006, 27 (14/20):3035-3040

[43] 何敏，张文君，王卫红. 面向对象的最优分割尺度计算模型. 大地测量与地球动力学,2009,29(1): 106-109.

[44] 陈春雷，武刚. 面向对象的遥感影像最优分割尺度评价. 遥感技术与应用,2011,26(1):96-102.

[45] 于欢，张树清，等. 面向对象遥感影像分类的最优分割尺度选择研究. 中国图象图形学报,2010,15(2):352-360.

[46] Li Z L, Openshaw S. Algorithms for automated line generalisation based on a natural principle of objective generalization. International Journal of Geographic Information Systems, 1992，6(5): 373-389.

[47] 刘建华. 高空间分辨率遥感影像自适应分割方法研究. 福州：福州大学博士学位论文,2011.

[48] 罗伊萍. LiDAR 数据滤波和影像辅助提取建筑物.郑州：解放军信息工程大学博士学位论文,2010.

[49] 张俊，汪云甲，李研，等. 一种面向对象的高分辨率影像最优分割尺度选择算法. 科技导报,2009, 27(21):91-94.

[50] Drägut L, Tiede D, Levick S R. ESP: a tool to estimate scale parameter for multiresolution image segmentation of remotely sensed data. International Journal of Geographical Information Science, 2010,24(6):859-871.

[51] Addink E, de Jong S, Pebesma E. The importance of scale in object-based mapping of vegetation parameters with hyperspectral imagery. Photogrammetric Engineering and Remote Sensing, 2007,73(8): 905-912.

[52] 李卉，钟成，黄先锋，等.集成激光雷达数据和遥感影像的立交桥自动检测方法. 测绘学报,2012, 41(3):428-433.

[53] Douglas D H, Peucker T K. Algorithms for the reduction of the number of points required to represent a digitised line or its caricature. The Canadian Cartographer, 1973,10(2):112-122.

[54] 王家耀，李志林，武芳. 数字地图综合进展. 北京：科学出版社,2011.

[55] Wu JW, Sun J, Yao W, et al. Building boundary improvement for true orthophoto generation by fusing airborne LiDAR data. // Stilla U, Gamba P, Juergens C, et al. JURSE - Joint Urban Remote Sensing Event-Munich.2011.,1(2):125-128.

[56] Liu J H, Zhang J, Xu F, et al. An adaptive algorithm for automated polygonal approximation of high spatial resolution remote sensing imagery segmentation contours. IEEE Trans Geosci Remote Sensing, 2014, 52(2):1099-1106

[57] 李怡静，胡翔云，张剑清，等. 影像与 LiDAR 数据信息融合复杂场景下的道路自动提取. 测绘学报,2012, 41(6):870-876.

[58] 谭衢霖，王今飞. 结合高分辨率多光谱影像和 LiDAR 数据提取城区建筑. 应用基础与工程科学学报,2010,19(5):741-748.

[59] 张永军，吴磊. 基于 LiDAR 数据和航空影像的水体自动提取. 武汉大学学报(信息科学版),2010,35(8):936-940.

[60] Yogendera K K. Mapping Above Ground Carbon Using Worldview Satellite Image and LiDAR Data in Relationship with Tree Diversity of Forests .Netherlands: The University of Twente, 2012.

[61] Sadahiro Y. Analysis of surface changes using primitive events. International Journal of Geographical Information Science, 2001,15(6):523-538.

[62] Liu J H, Mao Z Y. Vector and Scalar Edge Extraction from Multi-Spectral High Spatial Resolution Remotely Sensed Imagery (MHSRRSI) in Weighted Color Space[C]// International Conference on Multimedia Information NETWORKING and Security. IEEE, 2010:932-935.

[63] Tobler W R. A computer movie simulating urban growth in the Detroit region. Economic Geography, 1970, 46(2): 234-240.

第 2 章　高空间分辨率遥感影像预处理

2.1　高空间分辨率遥感影像预处理技术

若无特别说明，本书所采用的高空间分辨率遥感影像数据是指已经做过辐射校正、几何校正等处理的影像。

本章主要研究遥感影像预处理步骤中所涉及的融合和滤波技术与 GEOBIA 中多尺度分割结果的关系。

本书所指的影像预处理技术包括但不限于影像融合、滤波和增强，本章仅对影像融合与滤波两个环节进行论述。图 2-1 为常见的影像预处理步骤。

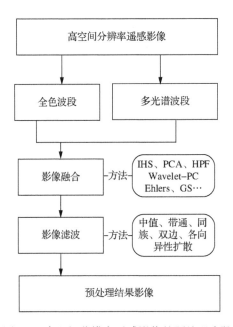

图 2-1　高空间分辨率遥感影像的预处理步骤

高空间分辨率遥感影像数据具有如下特点。
(1) 数据量大、地物几何与属性细节信息丰富、目视效果直观；
(2) 地物目标空间结构格局复杂、边界过渡区繁多；
(3) 同类地物，其至同一地物内部光谱异质性较高，"同物异谱"与"异物同谱"现象普遍。

这些特点增加了高分影像数据处理的难度，数据预处理是提高输入数据质量的主要措施，恰当的预处理可改善 GEOBIA 影像分割和信息提取的效果。

2.2 高空间分辨率遥感影像融合处理

融合技术是实现多源数据(如 LiDAR 数据与光学遥感数据)优势互补的基本途径,主要包括决策级融合、特征级融合以及像素级融合,以期实现不同应用场景中数据价值的最大化。

本节专注于高分辨率遥感影像的像素级融合方法在 GEOBIA 分割场景中的探讨。影像融合是实现高空间分辨率遥感影像中全色与多光谱数据优势互补的基本途径,现有的大多数融合方法较为侧重融合影像的视觉效果,而较少考虑融合影像的分割、分析等后续处理与应用环节。

本节以北京市城区局部 QuickBird 影像为实验分析数据,将融合、分割实验研究结果与定量分析相结合,从光谱和几何特征两方面入手,对现有基于像素的主流融合方法 IHS、PCA、HPF、Wavelet-PC、Ehlers 与 GS 进行比较,分析影像融合对分割结果的影响。

2.2.1 高空间分辨率遥感影像融合

常见的遥感影像融合方法[1-2]包括 IHS 变换、PCA 方法、Brovey 变换、滤波法[3]、调制法[4]、Gram-Schmidt 变换法[5](简称 GS)、CN 法[6]、小波变换等。基于 IHS 改进的 Ehlers 融合方法[7-8](简称 ELS)取得了较好的融合效果。此外,SFIM 融合法[9]也引起众多学者的较大关注,其最大优点是在多波段影像中巧妙地融入了全色波段的空间信息成分,通过亮度调节使融合影像与高分辨率影像的光谱属性无关。GS 与 PCA 相比而言,GS 对多维影像进行正交变换,从而消除冗余信息,各分量信息量没有明显的区别,而 PCA 的第一主成分包含最大的信息量,其余分量依次减少[10],融合效果易受到第一特征分量的影响。目前,基于非负矩阵分解[11-12]和在小波等理论基础上发展起来的 Contourlet[13-14]变换融合是研究的热点。

融合方法具有各自的适应性与局限性[15-16],表 2-1 归纳了上述常见融合方法的特点。

就 QuickBird 影像融合而言,数据本身还存在全色波段($0.45\sim0.9\mu m$)与多光谱可见光波段($0.45\sim0.69\mu m$)波长范围不一致的问题(即遥感影像融合研究领域中广泛存在的"融合数据波谱范围变异"问题),成为融合影像在近红外光谱范围产生误差和扭曲的根源。

QuickBird 影像由全色数据与多光谱数据两部分组成,前者空间分辨率高,后者光谱分辨率高。在实际应用中常通过像素级融合实现二者的优势互补,从而提高遥感探测的精度。尽管融合后得到的影像视觉效果(或至少在某一方面)一般优于原始 QuickBird 影像,但高空间分辨率遥感影像所固有的一些问题(如阴影与细小地物的干扰、较中低分辨率影像更为严重和普遍的"同物异谱"与"异物同谱"现象等)并未因此消除。尽管如此,无论是信息提取还是自动分类与智能识别,采用经过融合预处理后的影像仍然是各类应用研究中的首选。因此,研究者希望融合影像在改善视觉效果的同时,能够最大限度地保持原始全色波段与多光谱波段在几何信息和光谱信息两方面所具有的优势,为进一步基于影像分割和面向特征基元[41]的处理、分析和理解提供优质的数据源。

表 2-1 常见融合方法的特点

融合方法	优势	劣势
IHS 融合	◆较好的空间信息保持能力； ◆简单易行	◆I 与 I_{new} 间需具有较强相关性，实际应用很难满足； ◆一般仅适于 3 个波段处理(可以扩展到多波段)； ◆容易扭曲原始光谱特征，光谱退化现象严重
Brovey 融合	◆较好的空间信息保持能力； ◆简单易行，目视效果较好	◆影像预处理要求较高(如配准)； ◆容易扭曲原始光谱特征，光谱退化现象严重
PCA 融合	◆空间信息保持能力不如 IHS	◆存在光谱特征扭曲现象，光谱退化现象适中； ◆替换与被替换数据分量间需具有较强相关性，一般很难满足
比值运算融合	◆监测动态变化区域效果较好	◆基本无法表现原始光谱特征； ◆几何细节信息丢失严重，目视效果较差
乘法融合	◆对于大的地物类型目视增强效果较好	◆光谱特征变异较大； ◆几何细节信息丢失
加法平均融合	◆简单易行，适合实时处理	◆对于多幅影像信噪比增大； ◆对图像进行平滑处理，易导致几何细节信息丢失
灰度调制法(SFIM 算法)	◆较好的光谱特征保持性能力	◆不适于物理特性不同的多源影像融合； ◆对影像的配准要求很高
HPF 融合	◆光谱特征保持性能优于 IHS 和 PCA 融合	◆融合结果受滤波器影响较大，选择适宜的滤波器并非易事
基于非负矩阵分解的融合	◆融合影像所携带的信息量较大； ◆特征信息损失较小，效果优于小波变换	◆初始矩阵选取不当会影响融合效果
小波变换	◆较好的光谱特征保持能力	◆几何细节信息保持能力一般； ◆很难扩展到二维或多波段
多尺度几何分析法	◆局部时频分析和方向辨识能力	◆选择适宜的尺度因子并非易事

2.2.2 影像融合实验

1. 数据源与实验区概况

实验以北京市城区某地局部 QuickBird 全色影像(空间分辨率 0.61 m, 0.45~0.9 μm)和多光谱影像(空间分辨率 2.44 m，红波段 0.63~0.69 μm，绿波段 0.52~0.6 μm，蓝波段 0.45~0.52 μm)为样本数据，如图 2-2 所示。

(a) 原始全色影像　　　　　　　　　　　(b) 原始真彩色影像

图 2-2　QuickBird 全色和多光谱影像

为确保融合效果，图像经过几何精校正，误差控制在半个像元以内。实验区像元范围为 880×850，研究区域内主要的地物类型包括树木、房屋、道路、草地及水体等，土地覆盖类型较为全面，满足作为样本数据应该具备的代表性。

2. 实验方法

以 eCognition® 的多尺度分割算法（简称 ECA）对融合后的高空间分辨率遥感影像进行分割，从目视效果与定量分析两方面入手，比较评价 IHS、PCA、HPF、ELS、GS 及 Wavelet-PC（简称 WPC）6 种融合方法对高空间分辨率遥感影像分割的适应性。

3. 实验结果分析

1）融合影像及其分割结果的目视效果比较

图 2-3 为上述 6 种融合方法得到的结果影像，就目视效果而言，ELS 和 HPF 融合方法在保持空间和光谱信息两方面均表现出较好的性能；IHS、PCA 和 GS 融合结果的光谱信息存在不同程度的扭曲和退化，其中 PCA 的融合结果优于 IHS，GS 略优于 PCA；基于小波的融合方法 WPC 出现了严重的边缘模糊现象，光谱保持效果也不佳。

图 2-4 为原始多光谱影像与各融合影像中典型地物光谱曲线图。图 2-4 中红、蓝、紫、绿、黄 5 种颜色的线条依次代表水泥屋顶、植绒钢板屋顶、操场跑道、操场草地与水体的光谱曲线。

所选代表性地物类型融合前后光谱曲线变化程度显示了不同融合方法在光谱信息保真度方面的差异。各子图中每一对应地物类型光谱曲线的差异进一步揭示了各种融合方法光谱变异的特点。

图 2-5 是利用 ECA 算法，基于统一的分割参数设置（scale=25，color=0.8，compactness=0.8），针对各融合方法所生成融合影像得到的分割结果。

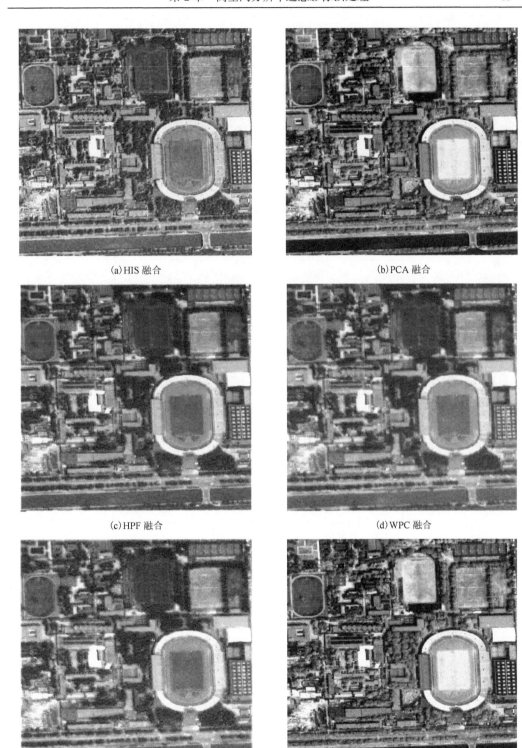

(a) HIS 融合　　(b) PCA 融合

(c) HPF 融合　　(d) WPC 融合

(e) ELS 融合　　(f) GS 融合

图 2-3　融合结果影像对比

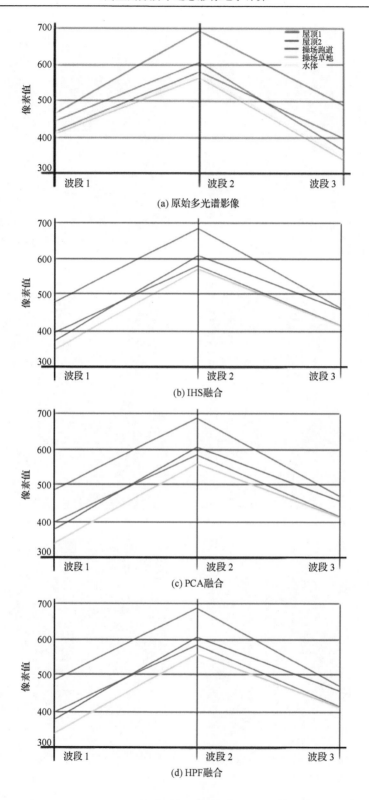

(a) 原始多光谱影像

(b) IHS融合

(c) PCA融合

(d) HPF融合

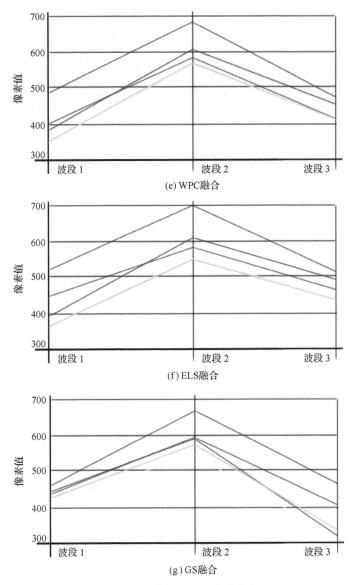

图 2-4 融合影像典型地物光谱曲线对比

从图 2-5 中可以清楚地看出，基于不同融合方法生成融合影像所得到的分割结果之间存在明显差异，其中 GS、PCA 和 IHS 取得的分割效果较好，ELS 和 HPF 效果次之，WPC 效果最差。

图 2-6 为基于各融合影像分割结果的局部区域(为图 2-5 中右下角局部区域放大后的结果)。图 2-6 中各融合方法的分割效果总体上与上段的论述一致，其相互间的差异因该局部区域地物分布的特殊性(几何形状简单、格局排列规则)而更加明显。

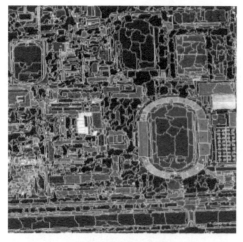
(a) IHS 融合-ECA 分割

(b) PCA 融合-ECA 分割

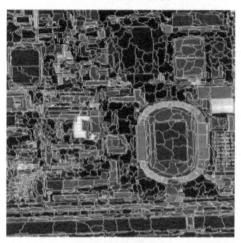
(c) HPF 融合-ECA 分割

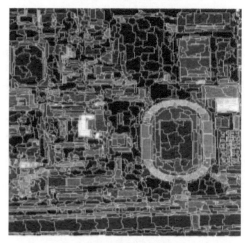
(d) WPC 融合-ECA 分割

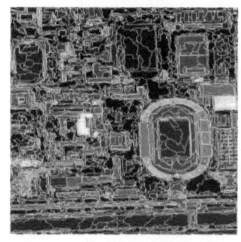
(e) ELS 融合-ECA 分割

(f) GS 融合-ECA 分割

图 2-5　基于各融合影像的 ECA 分割对比

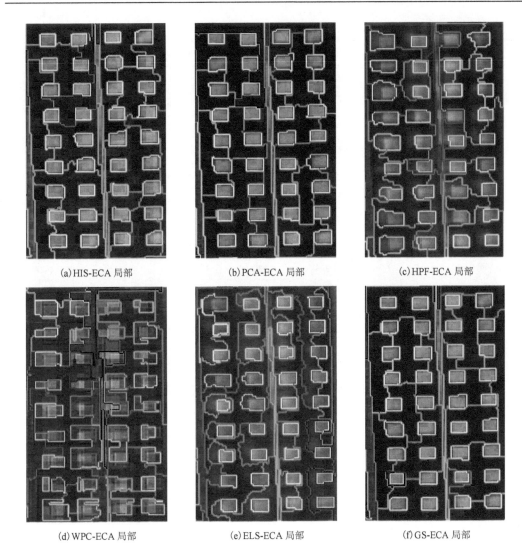

图 2-6 基于各融合影像分割的局部区域对比

2) 融合效果的定量评价与分析

融合效果的定量评价是一个复杂的问题[17]。本书以融合影像各个波段的均值、均方根误差作为衡量光谱保真度的定量指标，以标准差、信息熵作为评价图像信息丰富程度的定量指标，以平均梯度测量图像的清晰度，采用全色与多光谱图像各波段间的相关系数表征空间信息的融入度。

对表 2-2 中的数据做定量分析可知，ELS、PCA 和 GS 融合后的均方根误差均较大，从而说明光谱变异较大，而 ELS 均方根误差最为突出。ELS 融合后的标准差最大，其次是 WPC 和 HPF，表明融合后图像的反差增大、灰度级分布趋于分散，图像几何细节信息更加丰富。GS 与 PCA 融合后，信息熵、平均梯度和相关系数 3 个指标的值均有较大的提高，说明融合后信息量更加丰富，图像更加清晰，两者中 GS 的融合效果更优。

表 2-2　影像融合结果的定量评价

波段	方法	均值	标准差	信息熵	平均梯度	相关系数
全色		432.027	29.997	4.4102	6.9863	1.0
红波段 R		360.383	27.339	4.2999	4.9873	0.8938
	IHS 融合	360.014	26.936	4.3422	7.3698	0.9350
	PCA 融合	364.493	21.598	4.4136	8.2079	0.9874
	HPF 融合	359.929	27.039	4.3281	5.8238	0.9192
	WPC 融合	359.102	27.696	4.3234	5.6829	0.9026
	ELS 融合	286.162	31.355	4.3100	5.4057	0.9161
	GS 融合	364.505	22.746	4.4224	8.1626	0.9866
绿波段 G		571.308	23.826	4.2871	4.8982	0.8924
	IHS 融合	570.937	23.491	4.3455	7.9054	0.9342
	PCA 融合	574.524	18.251	4.4234	8.4746	0.9873
	HPF 融合	570.880	22.944	4.3045	5.7412	0.9211
	WPC 融合	569.926	24.375	4.2865	5.5082	0.9063
	ELS 融合	468.765	27.892	4.3181	5.7204	0.9188
	GS 融合	574.502	18.684	4.4315	8.4688	0.9879
蓝波段 B		417.219	12.264	4.2569	5.1182	0.8719
	IHS 融合	417.014	11.603	4.3274	8.0350	0.9133
	PCA 融合	418.869	9.169	4.4144	8.8069	0.9765
	HPF 融合	416.772	11.331	4.3086	5.9098	0.9002
	WPC 融合	416.393	14.068	4.2617	5.3870	0.8947
	ELS 融合	352.154	14.681	4.2623	5.7180	0.8996
	GS 融合	418.836	9.058	4.4034	8.7476	0.9797

	IHS 融合	PCA 融合	HPF 融合	WPC 融合	ELS 融合	GS 融合
均方根误差	0.324	3.160	0.768	1.188	82.173	3.152

2.2.3　实验结论

(1) QuickBird 遥感影像的全色与多光谱数据分别具有空间分辨率高与光谱分辨率高的相对优势，融合是实现两者优势互补的有效途径。

(2) 融合影像的保真度（同时保持原始全色与多光谱波段影像在几何信息和光谱信息两方面所具有优势的程度）是判定融合效果的客观标准，需要综合考虑目视效果与定量指标予以评价。

(3)通过评价 IHS、HPF、PCA、WPC、ELS 与 GS 6 种基于像素的主流融合方法针对同一 QuickBird 影像数据的融合结果发现,不同融合方法得到的融合影像在目视效果与定量指标两个方面均存在明显差异。若顾及后续分割和面向特征基元的处理、分析和理解,则以 GS 融合法的综合效果最佳。

(4)目前,融合影像分割结果的定量评价尚无较好的解决方案,直接制约以影像分析、理解为目标的影像融合方法对比研究的水平,为该研究领域亟待攻克的难题。

2.3 高空间分辨率遥感影像滤波处理

顾及 GEOBIA 多尺度分割效果的高分影像滤波处理的目的是要在保持语义影像目标边缘信息的同时,最大限度地削弱其内部的光谱异质性。

常见的遥感影像的滤波方法有中值滤波[18-21]、带通滤波[22]、同族滤波[23-24]、Variational 滤波[25-29]、Shock 滤波[30-31]、双边滤波[33-34]与各向异性扩散滤波[35-41]等,这些滤波方法各自的特点和适用范围在相关参考文献中已有详尽的介绍。

本节在分析当前主流的滤波技术后,基于 Visual C++软件开发平台,实现了高斯滤波和均值漂移滤波技术,并将其应用于 GEOBIA 多尺度分割预处理研究中。

2.3.1 影像滤波实验

1. 数据源与实验区概况

实验以福州市城区某局部(1024×1024 像元)QuickBird 全色和多光谱影像经过 GS 融合处理后的影像作为滤波实证分析数据。

图 2-7 为实验区域的 QuickBird 原始全色和多光谱影像,实验区内分布有房屋、道路、树木、草地、水体和裸地等地物,土地覆盖类型较为全面,满足作为样本数据应该具备的代表性。

(a)原始全色影像　　　　　　　　(b)原始多光谱影像

图 2-7　QuickBird 全色和多光谱影像

2. 实验方法

图 2-8(a) 为 GS 融合处理后的影像。利用高斯和均值漂移滤波方法对图 2-8(a) 进行滤波处理，实验过程中需分别输入滤波参数[高斯滤波（Gauss filter）的参数为高斯函数标准差（Gauss function standard deviation，GFSD）；均值漂移滤波（mean shift filter）的参数为空域半径（spatial radius，SR）、值域半径（range radius，RR）]，随着参数设置的不同，两种方法将分别得到不同滤波效果的结果影像。

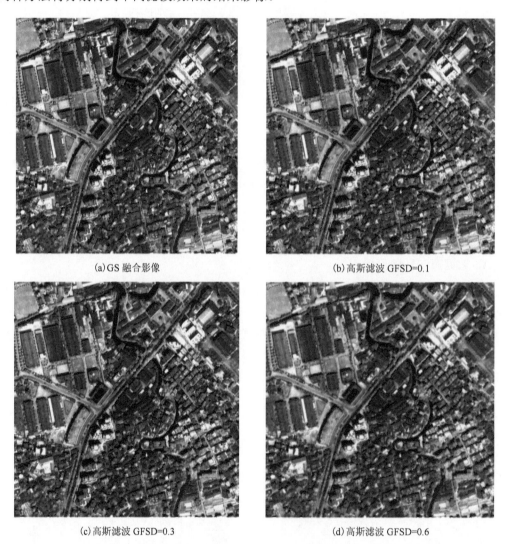

(a) GS 融合影像　　　　　　　　　　(b) 高斯滤波 GFSD=0.1

(c) 高斯滤波 GFSD=0.3　　　　　　　　(d) 高斯滤波 GFSD=0.6

图 2-8　基于 GS 融合的高斯滤波

然后，对高斯和均值漂移滤波处理后的影像进行矢量边缘信息提取，并从目视效果分析滤波处理技术环节对影像边缘信息提取的影响（对于边缘区域集成分割算法而言，可间接地分析滤波处理与影像分割的关系）。

3. 实验结果分析

对 GS 融合处理后得到的影像[图 2-8(a)]进行不同参数设置的高斯和均值漂移滤波处理，得到的结果如图 2-8(b)~图 2-8(d)和图 2-9 所示。由于参数选取对滤波效果影响较大，所以在进行高斯滤波和均值漂移滤波时采用了采样间距相对较大的参数设置方案，以便比较滤波结果间的差异。

图2-8(b)~图2-8(d)是滤波参数GFSD分别为0.1、0.3和0.6时得到的不同滤波效果的影像。从图2-8(b)~图2-8(d)中可以看出，随着滤波参数的增大，地物语义影像目标的边缘趋于模糊，即边缘对应的过渡区在增大。但与此同时，地物语义影像目标内部的几何细节信息在逐渐消隐，且光谱异质性在降低。由此可以推断，合理的滤波参数设置将改善边缘信息提取精度与基于区域的分割效果。

图 2-9 为均值漂移滤波处理后得到的影像。均值漂移滤波需要设定空域半径和值域半径两个参数，研究参数设置对滤波效果影响的方法采用分别固定其中之一并改变另一个参数的方式。

从图 2-9 可以看出，当空域半径在一定范围取值固定不变时，随着值域半径参数的增大，语义影像目标内部的光谱差异明显缩小，呈现均一化趋势。与此同时，地物语义影像目标的边缘信息并没有像高斯滤波那样出现模糊，边缘信息得到较好的保持。当值域半径在一定范围取值固定不变时，随着空域半径参数的增大，滤波结果仅发生细微的变化。

就滤波结果影像图 2-8 及图 2-9 的视觉效果而言，两种滤波处理均在一定程度上抑制了语义影像目标内部的光谱异质性，均值漂移滤波法的效果更为稳定。随着参数 GFSD 的增大，高斯滤波结果影像出现模糊现象，不利于后续边缘信息的提取；但合理的参数取值将使边缘信息保持与抑制语义影像目标内部光谱异质性间的关系达到平衡。

图 2-10 以从图 2-8(b)~图 2-8(d)裁取对应于图 2-8(a)中左上角的屋顶局部影像为例，对高斯滤波结果做细部对比分析。

高斯滤波结果中，当 GFSD=0.1 时，屋顶区域 A 和 C 内部的"几何细节"和"屋脊亮线"都比较清晰。随着参数 GFSD 的增大，屋顶区域 A 和 C 内部的"几何细节"和"屋脊亮线"逐步消隐，同时屋顶区域 B 内部的光谱差异也在缩小，即我们所期望的语义影像目标内部的特征异质性在降低。当 GFSD=0.6 时，上述细节信息基本消失殆尽，这将有利于剔除提取屋顶边缘信息时的伪边缘(几何细节和屋脊亮线)，以及改善基于同质性特征区域分割方法的效果。

但随着参数 GFSD 增大，屋顶边缘同时也会出现一定程度的模糊，这将导致边缘信息提取精度的下降，以及边缘数目的减少，因此参数的有效选择是不可避免的问题。此外，这一特点在边缘区域集成的分割方法 AICMS 中被用于消除伪边缘信息(见第 3 章)。

图 2-11 以从图 2-9 裁取对应于图 2-8(a)中左上角的屋顶局部影像为例，对均值漂移滤波结果做细部对比分析。

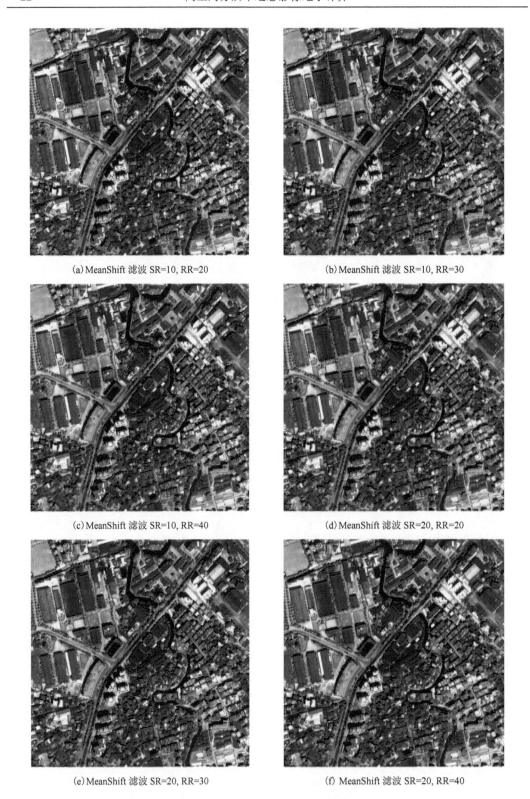

图 2-9 基于 GS 融合的均值漂移滤波

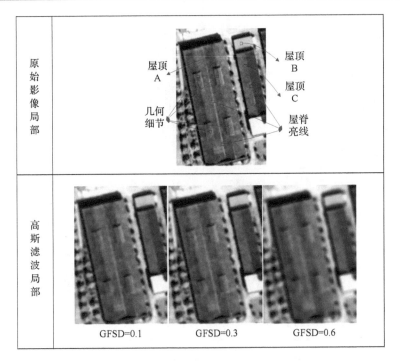

图 2-10　基于 GS 融合的高斯滤波效果局部放大对比

均值漂移滤波结果中，当空域半径 SR 为 10（或者 20）时，得到两组值域半径 RR 分别为 20, 30, 40 的影像。图 2-11 中的影像表明，随着参数 RR 的增大，屋顶区域 B 和 C 内部的光谱差异明显缩小，呈现均一化趋势。当 RR=40 时，屋顶区域 B 内部的光谱值以屋脊线为界基本趋于很相似的两种类型；屋顶区域 A 中的光谱差异缩小程度略低于 B 和 C。通过滤波降低语义影像目标内部光谱异质性的期望基本实现。但是，屋顶区域 A 和 C 内部的"几何细节"和"屋脊亮线"并没有像高斯滤波那样出现明显的消隐现象，各自的边缘信息基本保持原貌。由此可见，均值漂移滤波能够同时达到消除语义影像目标内部光谱异质性与保持边缘信息的目的。

均值漂移滤波结果中，当值域半径 RR 为 20（或者 30, 40）时，得到 3 组空域半径 SR 分别为 10, 20 的影像。随着参数 SR 的增大，滤波结果仅发生细微变化。同样，屋顶区域 A 和 C 内部的"几何细节"和"屋脊亮线"并没有像高斯滤波那样出现消隐现象，而是各自的边缘信息基本保持原貌。

图 2-12 以从图 2-8(b)~图 2-8(d) 和图 2-9 裁取对应于图 2-8(a) 中左上角的屋顶局部影像为例，将进行矢量边缘信息提取得到的结果，用于对比分析高斯与均值漂移滤波对影像边缘细节信息提取效果的差异。

从图 2-12 可以看出，就滤波影像矢量边缘信息提取的效果而言，高斯滤波图像随参数 GFSD 的逐步增大会出现不同程度的边缘丢失现象，但一些伪边缘信息同时会被提前剔除。相对于高斯滤波，均值漂移滤波图像矢量边缘检测的效果比较稳定，实验结果进一步证明均值漂移滤波是一种边缘信息保持型的滤波方法。

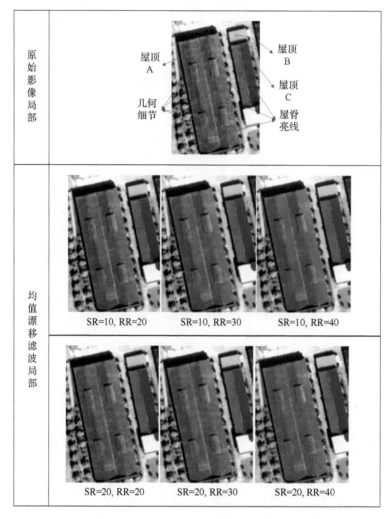

图 2-11　基于 GS 融合的均值漂移滤波效果局部放大对比

2.3.2　实 验 结 论

(1) 滤波处理在一定程度上抑制了高分影像中语义影像目标内部的光谱异质性,有利于边缘提取与分割等后续处理环节的实施。

(2) 从保持边缘信息的角度考虑,随着参数的增大,经高斯滤波处理后,影像中边缘信息的保持效果越来越差(影像的视觉效果越来越模糊),对应的边缘提取结果中边缘丢失现象也越来越严重。参数设置对高斯滤波方法的效果影响较大,而均值漂移滤波则表现较为稳定,其边缘保持效果几乎不受参数改变的影响。

(3) 就"几何细节"(如"屋脊亮线")的消除效果而言,高斯滤波优于均值漂移滤波,但其参数选择难度较大。

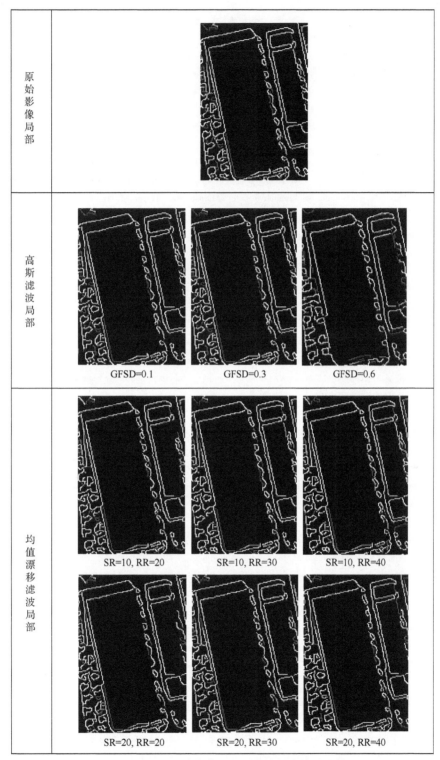

图 2-12 基于滤波影像的矢量边缘提取效果比较

参 考 文 献

[1] 胡钢, 刘哲, 徐小平, 等. 像素级图像融合技术的研究与进展. 计算机应用研究, 2008, 25(3): 650-655.

[2] 刘松涛, 周晓东. 图像融合技术研究的最新进展. 激光与红外, 2006, 36(8): 627-631.

[3] Schowengerdt R A. Reconstruction of multispatial, multispectral image data using spatial frequency content. Photogrammetric Engineering and Remote Sensing, 1980, 46(10): 1325-1334.

[4] Liu J G. Evaluation of Landsat-7 ETM + panchromatic band for image fusion with multispectral bands. Natural Resource Research, 2000, 9(4): 269-276.

[5] Clayton D G. Gram-schmidt orthogonalization. Applied Statistics, 1971, 20(3): 335-338.

[6] Vrabel J, Doraiswamy P, McMurtrey J, et al. Demonstration of the Accuracy of Improved Resolution Hyperspectral Imagery. HutchisonD, Katz H. Algorithms & Technologies for Multispectral, Hyperspectral, & Ultraspectral Imagery VIII IWSOS, 2007, 4725(2) 556-567.

[7] Ehlers M. Spectral characteristics preserving image fusion based on fourier domain filtering. Proc. SPIE, 2004, 5574:1-13.

[8] Klonus S, Ehlers M. Image fusion using the ehlers spectral characteristics preserving algorithm. GIScience & Rem. Sens., 2007, 44:93-116.

[9] Liu J G. Smoothing filter-based intensity modulation: a spectral preserve image fusion technique for improving spatial details. International Journal of Remote Sensing, 2000, 21(18): 3461-3472.

[10] 李存军, 刘良云. 两种高保真遥感影像融合方法比较. 中国图象图形学报, 2004, 9(11): 1376-1385.

[11] Lee D D, Seung H S. Learning the parts of objects by non-negative matrix factorization. Nature, 1999, 401 (6755): 788-791.

[12] Lee D D, Seung H S. Algorithms for Non-negative Matrix Factorization. [C]// NIPS 2001:556-562.

[13] Do M N, Vetterli M. The contourlet transform: an efficient diectional multiresolution image representation. IEEE Trans. Image Processing, 2005, 14(12): 2091-2106.

[14] Miao Q G, Wang B S. A Novel Image Fusion Method Using Contourlet Transform[C]// International Conference on Communications, Circuits and Systems Proceedings. 2006:548-552.

[15] Wang Z J, Ziou D, Armenakis C, et al. Acomparative analysis of image fusion methods. IEEE Trans. Geoscienceand Remote Sensing, 2005, 43(6): 1391-1402.

[16] Behnia P. Comparison between four methods for data fusion of ETM + multispectral and pan images. Geo-spatial Information Science (Quarterly), 2005, 8(2): 98-103.

[17] 郭雷, 李晖晖. 图像融合. 北京: 电子工业出版社, 2008.

[18] Astola J, Haavisto P, Neuvo Y. Vector median filters. Proc. IEEE, 1990, 78(4): 678-689.

[19] Yin L, Yang R, Gabbouj M, et al. Weighted median filters: a tutorial. IEEE Trans. Circuits Syst. II, 1996, 43(3): 157-192.

[20] Longbotham H G, Eberly D. Statistical properties, fixed points, and decomposition with WMMR filters. J. Math. Imag. Vis., 1992, 2(2): 99-116.

[21] Longbotham H G, Eberly D. WMMR filters: a class of robust edge enhancers. IEEE Trans. Signal Processing, 1992, 41(4): 1680-1684.

[22] Christiano L J, Fitzgerald T J. The band pass filter. International Economic Review, 2003, 44(2): 435-465.

[23] Hewer G, Kenney C, Manjunath B S. Peer Group Processing Forsegmentation.Technical Report #97-01, ECE Dept., UCSB, 1997.

[24] Deng Y, Kenney C, Moore M S, et al.Peer group filtering and perceptualcolor image quantization. in Proc. IEEE Int. Symp. Circuits and Systems, 1999, 4(4): 21-24.

[25] Deng Y, Hewer G, Kenney C, et al. Peer Group Image Processing. Univ. Calif., SantaBarbara, ECE Tech. Rep., 1999.

[26] Hewer G, Kenney C, Manjunath B S. Variational image segmentation using boundary functions. IEEE Trans. Image Processing, 1998, 7(9): 1269-1282.

[27] Morel J, Solimini S. Variational Methods in Image Segmentation. Boston, MA: Birkhauser, 1995.

[28] Mumford D, Shah J. Boundary Detection by Minimizing Functionals. San Francisco, CA: IEEE Conf. ComputerVision Pattern Recognition, 1985.

[29] Mumford D, Shah J. Optimal approximation by piecewise smooth functions and associated variational problems. Communiations on Pure & Applied Mathematics, 1989, 42(5):577-685

[30] Oman M. Study of variational methods applied to noisy step data. 2012.

[31] Osher S, Rudin L. Feature-oriented image enhancement using shock filters.SIAM J. Numer. Anal. , 1990, 27(4):919–940.

[32] Osher S, Rudin L. Shocks and other nonlinear filtering applied to image processing[C]// San Diego, '91, San Diego, CA. International Society for Optics and Photonics, 1991:414-431.

[33] Rudin L. Images, Numerical Analysis of Singularities, and Shock Filters.California: Ph.D. dissertation, Computer Science Dept., Caltech, Pasadena, CA, 1987.

[34] Tomasi C, Manduchi R. Bilateral Filtering for Gray and Color Images. Bombay: Proceedings of the 1998 IEEE International Conference on Computer Vision, 1998.

[35] Elad M. On the origin of the bilateral filterand ways to improve it. IEEE Transactions on Image Processing, 2002, 11(10):1141-1151.

[36] Perona P, Malik J. Scale-space and edge detection using anisotropic diffusion. IEEE Transactions on Pattern Analysis and Machine Intelligence, 1990, 12(7):629-631.

[37] Sapiro G, Ringach D L. Anisotropic diffusion of color images[C]// Electronic Imaging: Science & Technology. International Society for Optics and Photonics, 1996.

[38] Black M J, Sapiro G, Marimont D, et al. 1998. Robust anisotropic diffusion.IEEE Transactions on Image Processing, 1998,7(3):421-426.

[39] Weickert J. Anisotropic Diffusion In Image Processing. B.g.teubner Stuttgart, 1996, 16(1):272.

[40] Lin Z, Sh Q. An anisotropic diffusion PDE for noise reduction and thin edge preservation[C]// Image Analysis and Processing, 1999. Proceedings. International Conference on. IEEE, 1999:102.

[41] 周成虎，骆剑承．高分辨率卫星遥感影像地学计算．北京：科学出版社，2009．

第 3 章 高空间分辨率遥感影像多尺度分割

随着遥感对地观测技术的不断进步,遥感影像的时、空、谱分辨率越来越高,影像数据量爆炸与处理能力严重滞后的矛盾日益尖锐,传统的影像处理技术面临新的挑战,发展更加高效的遥感影像数据挖掘理论与技术方法成为应对这一挑战的一种趋势。

基于对象的遥感影像分析(GEOBIA)正是在此过程中逐渐形成的一个研究领域,影像多尺度分割技术是其中的一项关键技术,也是面向对象遥感影像分析、理解与应用中的难点。现有文献中介绍的遥感影像分割方法,以及集成在商用遥感影像处理软件平台中的相关算法均存在不同程度的局限性,针对现有研究工作中的不足,探索高空间分辨率遥感影像的自适应分割方法。

3.1 概 述

高空间分辨率遥感影像是指地面分辨率高于 1m 的遥感影像[1-2],高分辨率商用遥感影像以光学影像数据为主,目前常用的商用光学卫星数据产品包括 WorldView、Geoeye、IKONOS、QuickBird-2、EROS-A1、SPOT-5 和 Cartosat-1 等。高分辨率遥感影像在诸多领域(地形图更新、地籍调查、城市规划、交通及道路设施、环境评价、精细农业、林业测量、军事目标识别和灾害评估等)被证明存在巨大的应用潜力,影像识别与信息提取自动化程度低是其应用潜力得不到充分发挥的主要限制因素,是遥感领域理论和应用研究中必须突破的瓶颈。

遥感影像分割是面向对象的遥感影像分析方法[3-7]的基础和关键,在遥感图像工程中处于影像处理与影像理解的中间环节,是面向对象的影像分析理论研究的突破口。按照一般的影像分割定义[8],分割出的影像对象区域需同时满足相似性和不连续性两个基本特性。其中,相似性是指该影像对象内的所有像素点都满足基于灰度、色彩、纹理等特征的某种相似性准则;不连续性是指影像对象的特征在区域边界处的不连续性。

迄今为止,将计算机视觉领域的图像分割算法应用于图像分割过程中,已开展了较多的研究[9-17],并提出了大量的算法,但针对遥感图像尤其是高分辨率遥感图像的分割方法较少[18-19]。高分辨率遥感影像具有大尺寸、多尺度、地物类型和纹理特征丰富和多波段数据等特征,与其他类型的图像分割相比,高空间分辨率遥感影像分割难度更大,也更具挑战性。本节对高分辨率遥感影像分割方法体系和分割策略的研究现状进行探讨,并在此基础上提出目前遥感影像分割研究的热点及其发展趋势。

3.2 高空间分辨率遥感影像分割方法

3.2.1 影像分割的相关概念

1. 概念

1) 影像分割

影像分割是指把一幅影像划分为互不重叠的一组区域的过程,它要求得到的每个区域内部具有某种一致性或相似性,而任意两个相邻的区域则不具有此种相似性[3]。

这一定义可以形式化地描述为[12]设 F 为所有像素的集合,图像分割是按选定的一致性属性准则 P,将图像 F 正确划分为互不交迭的区域集 $\{S_1, S_2, \cdots, S_n\}$ 的过程。正确的分割,其分割结果必需满足下述 5 个条件。

(1) 图像中的每个像素均有其所归属的区域,即

$$F = \bigcup_{i=1}^{n} S_i$$

(2) 任意两个区域不相交,即对所有 $i \neq j$,均有

$$S_i \cap S_j = \Phi$$

(3) 每一个区域均有其独特的特性,或者说同一个区域中的像素应该具有某些相同特性,即对于 $i=1,2,\cdots,n$,有

$$P(S_i) = \text{TRUE}$$

(4) 不同的区域应具有一些不同的特性,即对所有 $i \neq j$,满足:

$$P(S_i \cup S_j) = \text{FALSE}$$

(5) 同一个区域内的像素应当是连通的。

2) 同质性

同质性为描述分割得到的区域内部特征模式均质性程度的一种度量,称为相似性。

3) 物理影像基元

物理影像基元为分割所形成的区域内部特征模式异质性最小的邻接像元构成的集合。

4) 语义影像目标

语义影像目标为遥感影像上与人类认知具有一致性的空间单元,也称为语义地物目

标。例如，操场、道路。

5) 尺度

影像分割时的尺度，是关于由物理影像基元构成的分割区域所对应的语义影像目标内部特征模式异质性最小的分割阈值。

6) 边缘

遥感影像中的边缘是指语义地物目标的相似性特征在对应时空范围处的终结。由于地物材质、方位、几何形状和光照条件的不同，影像中相应地出现反射边缘、朝向边缘、遮挡边缘、照明(阴影)边缘，以及镜面(高光)边缘。

2. 分类

据不完全统计，到目前为止，各类文献中提出了 1000 多种分割方法[8]。若按待分割图像波段数的不同，分割方法可以分为灰度图像分割、彩色图像分割和多波段图像分割(遥感影像一般为此类，而彩色图像分割可认为是多波段图像分割的一种特例)。更多的学者则倾向于从分割方法的原理入手来分类图像分割方法[9-18]。例如，Fu 和 Mui[9]将图像分割方法分为 3 类，即特征阈值或聚类、边缘检测和区域提取。罗希平等[12]将图像分割方法分为阈值法、边缘检测法、统计学方法、结合区域与边界信息的方法。林瑶和田捷[15]针对医学图像处理，将图像分割方法分为基于区域的分割方法、边缘检测法、结合区域与边界技术的方法、基于模糊集理论的方法、基于神经网络的方法。Cheng 等[14]将分割方法分为直方图阈值法、特征空间聚类法、边缘检测法、基于区域的方法、人工神经网络方法、基于模糊集理论的方法、物理方法，以及上述方法的混合。Zhang[17]将分割方法分为并行边界或区域，以及串行边界或区域四大类分割方法。在总结前人的研究成果之上，并考虑到遥感影像处理领域的特点，可将高空间分辨率遥感影像的分割方法分为基于像元的分割方法(阈值法、聚类法)、基于边缘检测的分割方法、基于区域的分割方法和基于物理模型的分割方法，而结合特定数学理论、工具和方法(如数学形态学、模糊数学、小波变换、人工神经网络等)的影像分割可认为是在这些分割方法上的进一步推广和发展。多波段遥感影像分割可视为灰度图像分割方法在不同色彩空间中的扩展应用，针对该类影像分割方法的讨论在总结灰度图像分割方法的基础上进行。

3.2.2 基于像元的分割方法

1. 阈值法

阈值法[20-22]是图像分割算法中数量最多的一类，该方法基于如下假设：图像是由具有不同灰度级的区域组成的，图像直方图被一定数量的峰所分割，每一个峰对应一组区域，两个相邻的峰之间存在一个谷，它对应一个阈值[14,17]。根据阈值选取本身的特点，可将阈值算法分为基于各像素值的阈值、基于区域性质的阈值和基于坐标位置的阈值 3

类[8, 19](图 3-1)。

阈值法分割实现简单，不需要先验知识，算法容易设计且执行速度快；当目标区域的灰度值或其他特征相差很大时，它能有效地对图像进行分割。但当图像直方图中没有明显的峰，或者谷底宽平或图像中不存在明显灰度差异、灰度范围有较大重叠时，阈值分割就难以获得准确的结果[9-10]。由于阈值方法仅考虑了灰度属性值，忽略了像素的空间信息，因此抗噪能力较差，对图像过渡区分割效果并不理想。一些文献在彩色图像分割中应用了阈值法[23-28]，但如何将该方法扩展到多波段遥感图像中则更为复杂。

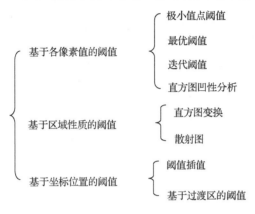

图 3-1 阈值法

2. 聚类法

利用特征空间聚类的方法进行图像分割可认为是对阈值分割概念的推广。如果将像元的特征视为模式，则图像分割可视为一个聚类过程[37]。它将图像空间中的像素用其对应的特征空间点(模式)表示，通过将特征空间中的点聚集成团而形成单独的簇或类，再将它们映射回原图像空间以形成分割结果[8]。

该种方法的好处是容易实现，利用非监督方式实现分类，并可运用基于概率模型[36]的方法改良算法。但获得关于簇的精确个数通常是极其困难的，并且与阈值法一样没有考虑到像素间的空间关系，容易产生分割区域不连通的情况。此外，由于聚类一般是全局算法，所以调整类与区域的关系也比较复杂。目前，针对彩色图像的聚类分割方法很多[29-35]，其中 K-均值、模糊 C-均值等最为常用。但对于多波段高分辨率遥感影像而言，在多维特征空间进行有效的聚类分割仍将是一个难题。兼顾聚类方法的理论内涵和算法实现，可将聚类方法分为系统聚类法、分割聚类法和模糊聚类法三大类[36-38](图 3-2)。

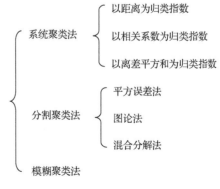

图 3-2 聚类法

3.2.3 基于边缘检测的分割方法

基于边缘检测的方法主要利用象素特征在区域边界处的不连续性来分割图像,分为并行和串行两种方法[8-10, 39](图 3-3)。

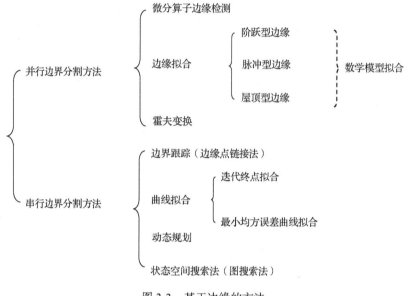

图 3-3 基于边缘的方法

并行边缘检测的过程主要是,首先利用检测方法[40-42]确定所有的边缘点,再用一定的方法将边缘点组成目标边界。串行边缘检测的基本思想是,首先确定起始边缘点,再按一定的搜索策略顺序检测图像中的边缘点并将它们连接成轮廓,从而构成分割区域;其中,连接策略一般有边缘点检测与连接交叉进行或先进行边缘点检测再连接两种情况。对于彩色图像的分割[43-59],边界信息的含义要比灰度图像丰富得多[60],如具有相同色相但亮度差异悬殊的边界可以在图像中被检测出来[61]显然,边界的亮度、色相和饱和度信息间有很高的相关性,单独考虑并不能给图像分割带来良好的效果,另外如何将彩色分割方法扩展到遥感多波段图像的分割仍然具有一定的困难。

边缘检测方法符合人类的认知习惯,当图像各区域之间的对比明显时,该方法常能取得较好的效果,但抗噪能力较差;当边界较为模糊或者边界过多时效果不佳,且生成一个封闭的边界也并非易事。基于边缘检测法的难点在于解决边缘检测时抗噪性和检测精度的矛盾[18]。若提高检测精度,则噪声产生的伪边缘会导致不合理的轮廓;若提高抗噪性,则会产生轮廓漏检和位置偏差。为改善边缘检测法,众多学者提出了多种改进方法[62-70]但仍不能从根本上克服此矛盾。

3.2.4 基于区域的分割方法

基于区域的方法主要利用区域内像素特征的相似性[71-73]来分割图像，该类方法主要包括区域增长[74-94]、区域分裂与合并[24-25,95-97]两种方法，如图 3-4 所示。

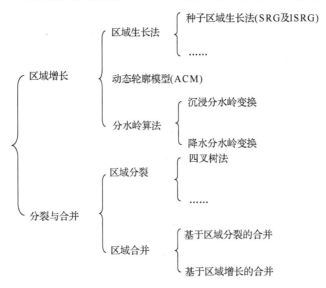

图 3-4　基于区域的方法

区域增长方法从若干种子点或种子区域出发，按照一定的相似性准则，对邻域像元进行判别并连接，重复上述过程直至图像中的所有像元被归并到相应的区域中，与区域增长相关的关键问题是种子点的选择和生长准则的确定。在区域分裂方法中，起始的种子区域就是整幅图像，如果种子区域同质性程度较差则被分裂为若干子区域，这些子区域成为新的种子区域，重复上述过程直至所有的子区域都是同质的。一般合并方法常常与区域增长或区域分裂方法结合起来应用[74,98-99]。

基于区域的方法具有抗噪能力强、得到的区域形状紧凑、无需事先声明类别数目、容易扩展到多波段影像等优点[14]。此外，区域增长法对复杂场景分割非常有效，在针对自然景物的分割中也显示较佳的性能。但基于区域的方法时空开销较大，确定点和种子区域同质性标准比较困难，需设法给予改进。

3.2.5 基于物理模型的分割方法

从遥感成像过程来看，图像数据取决于地表特征、大气、光照，以及成像设备等因素，描述这种关系的模型称为图像的物理模型，其分为物理光学和几何光学两种类型。物理光学模型利用波动方程描述光的入射与反射特性，具有严格的解析意义，但过于复杂而不便应用[103]；几何光学模型采用反射与折射定律并进行了简化，是图像物理模型的主要应用形式，其中最著名的是 Shafer 提出的二分光反射模型[100]。

高分辨率遥感影像由于其细节信息表现能力突出,使得细小目标、地物的纹理和阴影、光斑等干扰因素的影响愈加突出,并且由于同类地物甚至同一地物的光谱响应变异随着空间分辨率的提高而增加,高分辨率遥感影像上"同物异谱""异物同谱"的现象非常普遍,给相关地物目标的分割带来了极大的难度。而基于物理模型的分割能够识别阴影、光斑和描述地物表面的朝向,并获得精确的分割边界[101-103],有望解决遥感影像中的"同物异谱""异物同谱"现象;但现有的基于物理模型的分割方法[104-127]都具有一定的约束条件,如光照条件要求高,成像物体表面的反射特性已知、易于建模等,将该方法引入遥感影像分割极具挑战性。尽管如此,图像的物理模型改变了图像处理依赖于低层次特征和统计信号处理的局限性,而且能够在分割的同时得到关于分割场景的物理解释,是一个值得重视的研究方向[18]。

3.2.6 结合特定数学理论、技术和方法的分割方法

结合特定数学理论、技术和方法的影像分割,如数学形态学、模糊技术、小波变换、神经网络等,可以认为是在前述分割方法上的进一步推广和发展。目前,遥感影像分割尚无自身的理论基础,鉴于高分辨率遥感影像特征的特殊性,引入新的理论和方法改善分割效果成为该领域重要的研究方向。

数学形态学[133-143]是一种分析对象几何形状和结构的数学方法,由一组代数算子(腐蚀、膨胀、开、闭)组成[39]。由于其具有完备的数学基础,已逐渐成为分析图像几何特征的有力工具,但该方法一般适用于单波段图像处理,需要经过扩展才能应用于多波段遥感图像处理。

模糊技术[144-192]提供了一种有效解决图像分割中不确定性的新机制,主要包括模糊算子、模糊集、模糊逻辑、模糊测度等。它利用隶属度函数来解决每个像素的归属问题,避免了过早做出像素归属的判定,为下一级处理保留更多的信息,以便得到更好的分割结果,但隶属度函数及成员的确定比较麻烦且算法复杂度相对较高。对于高分辨率遥感影像分割而言,模糊技术的引入有着广阔的应用前景。

小波变换[193-194]是一个新的数学分支,包括小波分解和小波重构。小波变换通过空间域和频率域之间的变换,以及伸缩和平移等运算对函数或信号进行多尺度的细化分析,最终达到高频处时间细分,低频处频率细分,从而为不同尺度上信号分解和表征提供了精确和统一的框架。利用小波变换进行遥感影像分割在提取图像纹理和边缘特征时有一定的应用[195-219];研究还发现[18],利用小波变换可在缩小图像尺寸的同时,较好地保持图像结构信息,所以其不失为一种良好的降低遥感影像分割计算代价的预处理方法。

神经网络[215]广泛地应用于模式识别、图像处理等领域,主要包括Hopfield神经网络[216-222]、自组织神经网络[223-228]、反向传输神经网络[229]等类型[230-236];因其具有非线性,以及并行和分布式存储与处理能力而特别适合于解决聚类和分类等问题。神经网络方法的出发点是将图像分割问题转化为诸如能量最小化、分类等问题,即先利用训练样本集对神经网络进行训练,再用训练好的神经网络对新的图像进行分类。另外,由于神经网络中存在大量的连接,因此容易引入空间信息[16,216]。其不足是初始化有可能影响分割结果,需

要大量的训练样本集且训练时间过长[14],应用于高分辨率遥感影像时难以适应大数据量处理和非监督分类的要求。

3.3 高空间分辨率遥感影像分割的基本策略

高空间分辨率遥感影像分割的策略必须充分考虑到这类遥感影像数据本身的特点。一般而言,针对该类影像的分割方法至少应具有以下特征,非监督自适应性、能处理多波段数据、分割精度高、能分割纹理区域且速度较快。就目前的研究现状而言[237],主要有以下两种,即输出融合策略和多维统一分割策略,如图 3-5 所示。

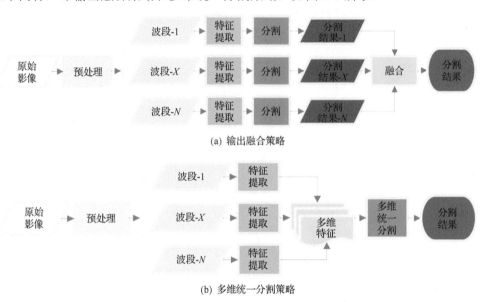

图 3-5 高分影像分割的基本策略

如图 3-5(a)所示,输出融合策略是二者中应用更为广泛的一种,原始多波段遥感影像经预处理和梯度计算后,得到每一波段的梯度图。对每个梯度图都采用一定的分割方法予以分割,每个波段得到一个分割结果,再将各波段分割结果经匹配、融合等处理后得到分割结果。该策略实质上仍是采用类似于灰度图的分割方法来对多波段遥感影像进行处理,分割时能充分利用多波段亮度信息、细节特征表现充分[61],但各波段间联系较少。其难点在于如何选取有效的融合策略将各波段分割结果合并成最终统一的分割结果。

多维统一分割策略如图 3-5(b)所示,原始多波段遥感影像经预处理和梯度计算后得到一个 N 维梯度图,对这个 N 维梯度图采用一定的分割方法予以一次性分割,得到最终的分割结果。由于高分辨率遥感影像分割方法一般要能处理多波段数据,而波段数的增加将不可避免地增加算法的复杂度和执行时间,所以将多维数据降为三维后并借鉴彩色图像现有的分割方法成为实现多维统一分割策略的捷径。

一般彩色图像分割的过程是首先选择合适的色彩空间,其次采用适合于该色彩空间的分割策略和方法(图 3-6)[14]。

高分辨率遥感影像数据的复杂性使得针对该类型影像的分割研究较其他影像类型更具挑战性，仅仅依赖一种分割方法难以获得较好的分割结果，分割方法的集成是应对该挑战的策略之一。代表性的集成方案主要有基于区域和边界的集成[238]、光谱和形状[239]，以及光谱和纹理[240-241]信息的集成等。同时，分割方法的集成也必将导致分割算法本身复杂度和设计难度的增加。

新理论、新方法和领域专家知识的引入有助于设计更加合理和高效的图像分割算法，是该研究领域重要的发展趋势。例如，基于多分辨率分析的小波方法，不但为遥感影像的纹理分析提供了便利，也是一种良好的降低遥感影像分割计算代价的预处理方法，为遥感影像的多尺度分割提供了可能。此外，模糊技术提供了一种有效解决图像分割中不确定性的新机制，尽管其计算复杂度比较高，但模糊技术有着其在处理不确定性方面十分优越的特性，正在受到越来越多的关注。

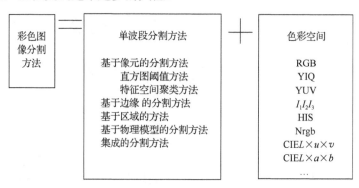

图 3-6　彩色图像分割方法

3.4　高空间分辨率遥感影像的边缘信息提取

边缘检测是图像分割的一种重要途径，它通过检测目标边缘的某种不连续性（如色彩信息的亮度、色相、饱和度等）实现边缘信息的提取，在多光谱高空间分辨率遥感影像线状目标提取中具有广泛的应用[242-246]。

边缘是指因地表语义影像目标性质差异在影像中形成的线状不连续性特征。由于地物材质、方位、几何形状和光照条件的不同，影像中会存在反射边缘、朝向边缘、遮挡边缘、照明（阴影）边缘，以及镜面（高光）边缘[247]。

高空间分辨率遥感影像较中低分辨率影像存在更为严重和普遍的"同物异谱"与"异物同谱"现象，以及阴影与细小地物的干扰，边缘提取的结果中通常存在大量伪边缘，严重影响后续基于边缘的图像分析和理解[248]。Canny[249]提出边缘检测一般应满足以下3个准则：信噪比准则、定位精度准则和单边缘响应准则，并由此设计出了性能优良的Canny算子。该算子由于具有很好的边缘检测效果，已经成为评价其他边缘检测方法的标准[250]。结合高空间分辨率遥感影像数据自身的特点，本章基于该算子提出提取矢量、加权矢量与标量影像边缘信息的新方法，并在RGB、线性变换空间YIQ和YUV、非线性变换空间 IHS、均匀颜色空间 CIELUV 中，利用高空间分辨率遥感影像分析和比较新方法在不同色彩空间中提取矢量、加权矢量与标量边缘信息的效果。

3.4.1 改进的 Canny 矢量边缘检测算法

相对于单波段影像而言，多波段影像中可用于边缘检测的光谱信息更加丰富，所采用的特征与提取方案需要根据所提取地物的类别灵活确定。提取多光谱影像边缘信息的策略主要有输出融合与多维统一两种[251-252]，即单色标量合成和多光谱矢量值技术[253-256]。多维统一分割策略由于算法复杂和理论欠完备，因此未被广泛采用。本节采用输出融合策略改进针对单波段灰度影像边缘检测提出的 Canny 算子，并基于改进后的 Canny 算子实施高空间分辨率遥感影像矢量边缘信息检测。算法改进后最终得到的边缘是相应多维色彩空间中的矢量值，由各波段标量边缘分量以类似于 GIS 空间叠置分析的形式"匹配融合"得到。此外，各分量可根据实际需要进行加权平均[255]等处理转化为标量。

1. 高空间分辨率遥感影像的高斯平滑

高空间分辨率遥感影像由于其高度细节化的表现能力，使得地物语义目标内部的几何细节信息在有效表达边缘信息的同时，也以噪声（相对于该对象级尺度）的形式出现，而多光谱色彩信息在语义影像目标内部也表现出明显的非均质性。高斯滤波器具有能有效去除细微几何细节信息和小斑块噪声的优点，可用于所有单波段影像 x 与 y 方向的行列滤波处理，达到去除噪声的目的，利用其分别对所有波段进行处理。高斯滤波算子为

$$G(x,y,\sigma) = \frac{1}{2\pi\sigma^2}\exp\left(-\frac{x^2+y^2}{2\sigma^2}\right) \tag{3-1}$$

高斯滤波算子可分解为 x 与 y 方向上的一维滤波器：

$$x\text{方向：} G^x(x,y,\sigma) = -\frac{x}{2\pi\sigma^4}\exp\left(-\frac{x^2+y^2}{2\sigma^2}\right) \tag{3-2}$$

$$y\text{方向：} G^y(x,y,\sigma) = -\frac{y}{2\pi\sigma^4}\exp\left(-\frac{x^2+y^2}{2\sigma^2}\right) \tag{3-3}$$

式中，σ 为高斯函数的标准差，它控制着滤波器窗口的大小和滤波系数，并影响最终的平滑程度，可以根据影像的质量与要求交互式设置。

2. 高空间分辨率遥感影像的梯度矢量

记 $I(x,y)=(B)^\text{T}$ 表示单波段遥感影像，则一幅具有 n 个波段的多光谱高空间分辨率遥感影像可以表示为矢量 $\boldsymbol{G}(x,y)=(B_1,B_2,\cdots,B_n)^\text{T}$，定义

$$V(x,y) = \begin{pmatrix} \dfrac{\partial B_1}{\partial x} & \dfrac{\partial B_1}{\partial y} \\ \dfrac{\partial B_2}{\partial x} & \dfrac{\partial B_2}{\partial y} \\ \cdots & \cdots \\ \dfrac{\partial B_n}{\partial x} & \dfrac{\partial B_n}{\partial y} \end{pmatrix} = \begin{pmatrix} \text{grad}(B_1) \\ \text{grad}(B_2) \\ \cdots \\ \text{grad}(B_n) \end{pmatrix} \tag{3-4}$$

为位置(x, y)处的n维梯度矢量，则影像中具有最大变化或不连续性的方向可用对应特征值的特征矢量$V^\mathrm{T}V$表示为[247]

$$V^\mathrm{T}V = \begin{pmatrix} \boldsymbol{u}^\mathrm{T}\boldsymbol{u} & \boldsymbol{u}^\mathrm{T}\boldsymbol{v} \\ \boldsymbol{v}^\mathrm{T}\boldsymbol{u} & \boldsymbol{v}^\mathrm{T}\boldsymbol{v} \end{pmatrix} \tag{3-5}$$

式中，n维矢量$\boldsymbol{u}$和$\boldsymbol{v}$可表示为

$$\boldsymbol{u} = \begin{pmatrix} \dfrac{\partial B_1}{\partial x} & \dfrac{\partial B_2}{\partial x} & \cdots & \dfrac{\partial B_n}{\partial x} \end{pmatrix}^\mathrm{T} \tag{3-6}$$

$$\boldsymbol{v} = \begin{pmatrix} \dfrac{\partial B_1}{\partial y} & \dfrac{\partial B_2}{\partial y} & \cdots & \dfrac{\partial B_n}{\partial y} \end{pmatrix}^\mathrm{T} \tag{3-7}$$

从而，$G(x, y)$中最大变化或不连续性的方向可由角度θ给出

$$\theta(x,y) = \frac{1}{2}\arctan\frac{\boldsymbol{u}^\mathrm{T}\boldsymbol{v} + \boldsymbol{v}^\mathrm{T}\boldsymbol{u}}{\boldsymbol{u}^\mathrm{T}\boldsymbol{u} - \boldsymbol{v}^\mathrm{T}\boldsymbol{v}} \tag{3-8}$$

点$G(x, y)$在θ方向上变化率的大小由式(3-9)给出

$$\text{grad}(x,y) = \left\{\frac{1}{2}\left[(\boldsymbol{u}^\mathrm{T}\boldsymbol{u} + \boldsymbol{v}^\mathrm{T}\boldsymbol{v}) + (\boldsymbol{u}^\mathrm{T}\boldsymbol{u} - \boldsymbol{v}^\mathrm{T}\boldsymbol{v})\cos 2\theta + (\boldsymbol{u}^\mathrm{T}\boldsymbol{v} + \boldsymbol{v}^\mathrm{T}\boldsymbol{u})\sin 2\theta\right]\right\}^{\frac{1}{2}} \tag{3-9}$$

3. 采用非最大抑制法确定初步边缘点

遍历梯度影像中的所有像素点对梯度值较大的像元所形成的屋脊带采用非极值抑制法进行细化[257-258]。若在该像素方向角θ上的梯度值是局部最大值，则保留为初步边缘点，反之将该像素设置为非边缘点。处理时要特别注意（具体方法参见文献[261]）那些没有位于θ角上但其梯度也是局部最大值的邻近像素，否则将会造成边缘信息的丢失。

4. 双阈值分割及边缘点检测

选定两个梯度阈值 T_h 和 T_s，一般有 $T_s=0.4T_h$[61]。首先，从经过非最大抑制结果中去除梯度值小于 T_h 的像素点，得到强边缘点集 H。然后以 H 为基础，把边缘点连接成初始轮廓，而初始轮廓上一般会有间断。当搜索到轮廓端点时，算法就在梯度值介于 T_h 与 T_s 的非最大抑制结果中继续寻找可以连接到当前端点的边缘点，利用递归跟踪的方法不断在介于 T_h 与 T_s 的梯度值中搜集边缘，直到将 T_h 中所有的间断都连接起来，而间断阈值可根据实际情况给定。

3.4.2 改进的 Canny 加权矢量与标量边缘检测算法

在 3.4.1 节所述研究成果的基础上，本节对 Canny 矢量边缘检测算法进行更进一步的改进，在权色彩空间中，综合各波段分量特点进行加权矢量与标量边缘检测。由于多光谱高空间分辨率遥感影像各波段波谱范围差异所造成的边缘检测响应程度的差异，检测得到的各边缘分量会存在一定的差别。

设 E_i 为高分影像矢量边缘的加权综合边缘分量，则由所有加权综合边缘分量得到的矢量边缘 $\boldsymbol{E}_v(E_i)$ 及标量边缘 $\boldsymbol{E}_s$ 可表示为

$$\boldsymbol{E}_v(E_i) = \begin{pmatrix} E_1 & E_2 & \cdots & E_i \end{pmatrix} \qquad i=1,2,\cdots,n \tag{3-10}$$

$$\boldsymbol{E}_s = \sum_{i=1}^{k} \beta_i E_i \qquad \beta_1 + \beta_2 + \cdots + \beta_i = 1 \qquad \beta_i \geqslant 0,\ k \leqslant n \tag{3-11}$$

$$E_i = \sum_{i=1}^{k} \alpha_i B_i \qquad \alpha_1 + \alpha_2 + \cdots + \alpha_i = 1 \qquad \alpha_i \geqslant 0,\ k \leqslant n \tag{3-12}$$

式中，α_i 为对应于波段边缘分量 B_i 的权重，即 E_i 由 k 个波段边缘分量经加权综合得到；β_i 则为提取标量边缘时对应于加权综合边缘分量的权重。权重的参考值一般取决于各波段不同地物类型边缘检测时的响应程度。

3.4.3 矢量边缘检测及加权矢量与标量边缘检测实验

1. 矢量边缘检测实验

1) 实验区概况与实验方法

选取 512×512 像元范围的福州市航空高空间分辨率遥感影像为实验区，如图 3-7(a) 所示。实验区内分布有房屋、道路、农田、树木、水体、草地、裸地等地物类型，所选实验区土地覆盖类型较为全面，满足作为样本数据应该具备的代表性。

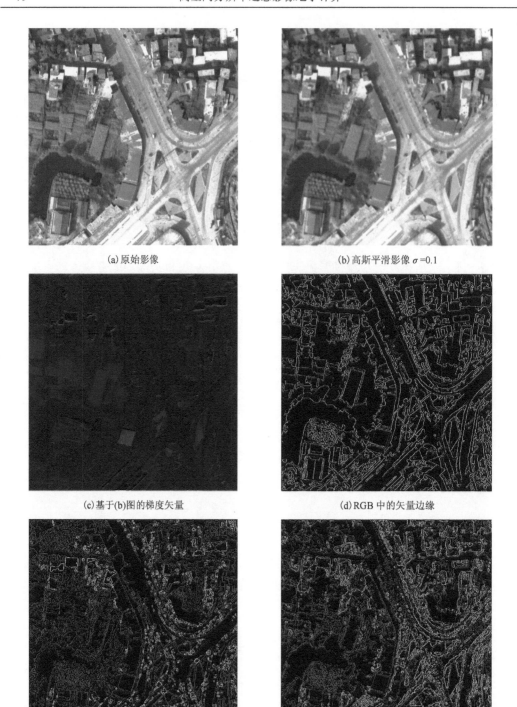

(g) YUV 中的矢量边缘　　　　　　　(h) CIELUV 中的矢量边缘

图 3-7　多色彩空间中高空间分辨率遥感影像矢量边缘检测结果

利用上述改进的 Canny 多光谱矢量边缘检测方法，分别在 RGB、IHS、YIQ、YUV、CIELUV 色彩空间中对图 3-7(a)进行处理，得到多光谱矢量边缘图，如图 3-7(d)~(h)所示。

2) 实验结果分析

当 $\sigma=0.1$ 时，对图 3-7(a)进行高斯平滑处理得到图 3-7(b)。由图 3-7(b)可知，图 3-7(a)经平滑处理后，基本达到了消除细微几何细节信息和小斑块噪声的目的。对图 3-7(b)进行梯度矢量提取即可得到梯度矢量图 3-7(c)。

在图 3-7(d)中，蓝色波段用蓝色表示，蓝绿波段用青色表示，绿色波段用绿色表示，红绿蓝三波段用白色表示，红色波段用红色表示。在图 3-7(e)~(h)中，三分量按照相应色彩空间分量描述的先后顺序依次用蓝色、绿色和红色来表示。

表 3-1 给出并分析比较了各色彩空间中高分影像矢量边缘检测的结果。

表 3-1　高分影像矢量边缘检测结果分析

色彩空间	矢量边缘检测结果分析
图 3-7 (d) RGB 色彩空间	蓝色波段对植绒钢板材质屋顶的检测更为有效；蓝绿波段对农田、阴影的检测比较敏感；绿色波段对树冠边缘的检测更有效；红绿蓝三波段对水体、水泥材质屋顶和道路的检测效果相当
图 3-7 (e) IHS 色彩空间	亮度分量 I 几乎检测出了大部分边缘，但对植绒钢板材质屋顶不敏感；色相分量 H 对高亮水泥材质地物类型很敏感，但整体边缘检测效果并不理想；饱和度分量 S 也检测出了大量的边缘信息，尤其是在树木和农田区域边缘细节信息更加丰富
图 3-7 (f) YIQ 色彩空间	亮度分量 Y 检测出大部分边缘；其中，相位分量 I 对高亮水泥材质屋顶、道路和裸地检测效果好；正交分量 Q 检测出大量破碎边缘，对高亮水泥和植绒钢板材质屋顶检测效果较好
图 3-7(g) YUV 色彩空间	Y 分量与 YIQ 中的 Y 分量相同(相同的线性变换)；U 分量对高亮水泥和植绒钢板材质屋顶检测效果较好；V 分量对高亮水泥材质屋顶和裸地检测效果较好，但几乎检测不到树木、农田、水体等地物的边缘
图 3-7 (h) LUV 色彩空间	L 分量边缘检测整体效果较好；U 分量对高亮水泥材质屋顶和裸地检测效果较好，但几乎检测不到树木、农田、水体地物的边缘信息；V 分量对植绒钢板材质屋顶检测效果较好，而其他地物类型边缘相对比较破碎

从图 3-7(d)~(h)可以看出，虽然利用改进的 Canny 多光谱边缘检测方法能够对高空间分辨率遥感影像进行有效的矢量边缘检测，但不同色彩空间中矢量边缘信息提取差异较大，且矢量边缘各分量所对应的地物几何或属性信息也存在一定程度的差异。

可见，由于波谱范围差异的影响，在基于上述各色彩空间实施边缘检测时，高空间分辨率遥感影像矢量边缘各分量的响应程度显著不同，在提取边缘信息时需分别加以考虑。

3) 实验结论

(1) 基于改进的 Canny 算子设计的矢量边缘检测算法在不同色彩空间对于不同地物类型矢量边缘检测的响应程度不同，对高分影像边缘检测过程中的特征选择与提取具有一定的参考价值。

(2) 参数设置和色彩空间选择对高分影像矢量边缘提取有较大的影响，不同尺度下参数设置的规律性及色彩空间选择的适宜性是后续研究需要攻克的难题。

2. 加权矢量与标量边缘检测实验

1) 实验区概况与实验方法

选取 768×768 像元范围的福州市城区 QuickBird 影像为实验区，采用 Ehlers 融合法得到实验区红绿蓝与全色波段的融合影像[262][图 3-8(a)]。实验区内分布有房屋(材质：高亮水泥、灰暗水泥、植绒钢板)、道路(材质：沥青、水泥、暗红色地砖、路面汽车、路面分道线)、停车场、农田、树木、水体、草地、裸地等地物类型，土地覆盖类型较为全面，满足作为样本数据应该具备的代表性。

利用改进的加权矢量与标量边缘检测算法，分别在 RGB、YIQ、YUV、IHS、CIELUV 色彩空间中对图 3-8(a)进行边缘提取，得到各色彩空间多波段边缘分量 B_i(共 15 个分量)。分析这些分量可以发现，虽然改进的 Canny 多光谱边缘检测方法能有效地检测高分影像的边缘，但不同色彩空间中矢量边缘信息提取效果差异较大，并且矢量边缘各分量

(a) 原始影像

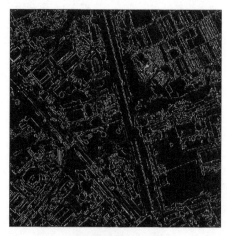

(b) 矢量边缘 $E_V(E_{B\text{-}G\text{-}R})$

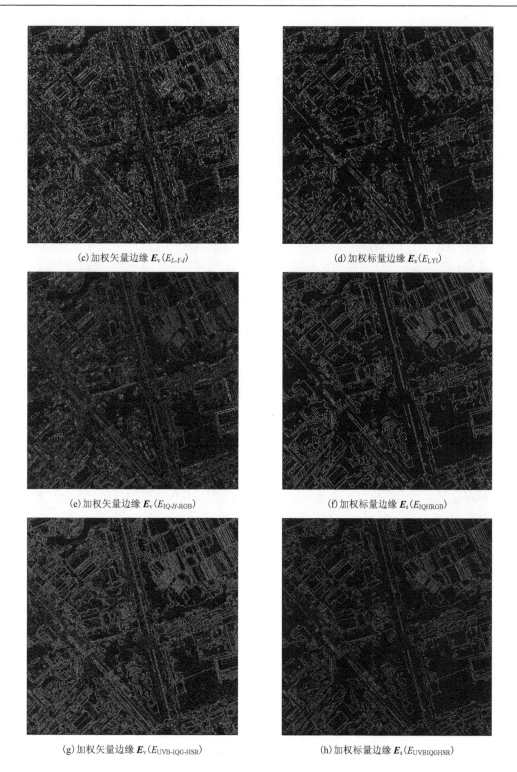

(c) 加权矢量边缘 E_v(E_{L-Y-I})　　　　　　(d) 加权标量边缘 E_s(E_{LYI})

(e) 加权矢量边缘 E_v($E_{IQ-H-RGB}$)　　　　　　(f) 加权标量边缘 E_s(E_{IQHRGB})

(g) 加权矢量边缘 E_v($E_{UVB-IQG-HSR}$)　　　　　　(h) 加权标量边缘 E_s($E_{UVBIQGHSR}$)

图 3-8　权色彩空间综合各分量的边缘矢量检测结果

在一定程度上对应不同的地物几何或属性信息。基于这些边缘分量 B_i,在权色彩空间依据地物类型边缘检测响应程度,选取其中的边缘分量进行加权综合得到边缘分量 E_i;再通过加权或组合 E_i 得到矢量边缘 $E_v(E_i)$ 及标量边缘 E_s,如图 3-8(b)~(h)所示。

2) 实验结果分析

图 3-8(b)是在 RGB 色彩空间中对图 3-8(a)进行矢量边缘提取得到的结果,由图 3-8(b)可知,该色彩空间中不同分量对边缘检测算子的响应程度显著不同。该现象同样存在于运用 YIQ、YUV、IHS 与 CIELUV 色彩空间进行边缘检测的结果之中,除基于不同色彩空间的边缘检测效果存在明显差异外,不同色彩空间中边缘分量的物理含义也不尽相同。

图 3-8(c)是在分析 15 个多波段边缘分量 B_i 的基础上,直接选取特征 E_1 等于 CIELUV 的 L 分量,E_2 等于 YIQ(或 YUV)的 Y 分量,E_3 等于 HIS 的 I 分量,构成矢量边缘检测结果 $E_v(E_{L\text{-}Y\text{-}I})$。L,Y,I 从不同色彩空间描述了影像的亮度信息,但三者对应的边缘信息存在不同程度的差异。将该三分量加权综合得到强弱边缘共存的标量边缘 $E_s(E_{LYI})$ [图 3-8(d)]。

在加权各色彩空间分量的基础上,需要分别单独考虑色彩与亮度信息,以便分析比较边缘提取效果。图 3-8(e)正是依据该思想得到的边缘检测结果,具体策略是取 YIQ 的彩色信息 I 与 Q 分量加权得到 E_1,E_2 等于 HIS 的色相 H 分量,E_3 作为亮度信息是 RGB 三分量的加权值,三者构成矢量边缘 $E_v(E_{IQ\text{-}H\text{-}RGB})$。基于矢量边缘 $E_v(E_{IQ\text{-}H\text{-}RGB})$ 加权综合得到强弱边缘共存的标量边缘 $E_s(E_{IQHRGB})$ [图 3-8(f)]。

图 3-8(g)通过同时加权综合色彩和亮度信息表现边缘提取效果。具体策略是 E_1 由 CIELUV 的 UV 分量与 RGB 的 B 分量加权得到;E_2 由 YIQ 的 IQ 分量与 RGB 的 G 分量加权得到;E_3 由 HIS 的 HS 分量与 RGB 的 R 分量加权得到。三分量构成矢量边缘检测结果 $E_v(E_{UVB\text{-}IQG\text{-}HSR})$,相对于前面几种情况,其检测得到的边缘信息更加丰富。基于矢量边缘 $E_v(E_{UVB\text{-}IQG\text{-}HSR})$ 加权综合得到强弱边缘共存的标量边缘 $E_s(E_{UVBIQGHSR})$ [图 3-8(h)]。

3) 实验结论

(1) 加权矢量边缘检测算法有助于高分影像亮度与色彩(相)信息的有效融合,加权标量边缘检测算法所获取的标量边缘可用于分析强弱边缘间的关系特征。

(2) 参数设置(如高斯函数的标准差 σ)和色彩空间选择对高分影像加权矢量和标量边缘的提取有较大影响,如何在不同尺度下正确理解地物语义对象边缘,以及如何选择最佳的色彩空间等问题仍是该领域需要继续研究的重要课题。

3.5 基于区域的高分辨率遥感影像分割方法

基于区域的分割方法是遥感影像分割的主要途径,包括区域增长算法[259-264]、分水岭算法[79-97]、区域分裂与合并算法等[24,74,249]。这些分割方法根据物理影像基元内所有像元应满足的某种同质性准则[71,99](如灰度、色彩、纹理)来完成对应的算法设计,在高空间分辨率遥感影像分割、目标识别与提取中有着广泛应用。

基于区域的分割就是要形成区域内部特征模式异质性最小的邻接像元构成的集合。由于高空间分辨率遥感影像上地物语义影像目标内部光谱异质性很高、"同物异谱"与"异物同谱"现象普遍、目标边界过渡区繁多、目标结构格局复杂，从而使得基于局域同质性准则提取得到的物理影像基元与语义影像目标之间存在较大的差异，严重地影响到后续基于物理影像基元的图像分析和理解。

近年来，受到学界广泛关注的均值漂移法的概念最早由 Fukunaga 和 Hostetler[265]在一篇关于概率密度梯度函数估计的论文中提出，均值漂移的原始含义是指偏移的均值向量，但该含义随着均值漂移方法的发展已经改变。均值漂移算法一般是指一个迭代过程，即在给定遥感影像空域范围内先计算出当前点在特征值域的偏移均值，判断偏移均值是否满足终止条件，否则将继续在空域范围内移动，直到偏移均值满足一定的终止条件。该算法相对于其他区域算法的特别之处在于，区域的增长或合并与否取决于某一空域范围内特征值域的偏移均值是否满足某一终止条件。

Cheng[265]对基本的均值漂移算法在以下两个方面做了改进。首先，定义了一族核函数，使得样本随着与被偏移点距离的不同，其偏移量对均值偏移向量的贡献也不同。其次，设定了一个权重系数，使得不同的样本点重要性不一样，这较大地扩展了均值漂移算法的适用范围。然而，事实上对于某个物理影像基元而言，一般其内部样本点（像元）彼此之间的偏移量对其均值偏移向量的贡献理论上是相同的，且对该物理影像基元而言重要性也是均等的，与其他点到样本点欧式空间距离远近无关。这是由于物理影像基元内部的这些像元共属同一对象、共享同一特征属性模式。

Comaniciu 等[266-267]、Comaniciu 和 Peer[268]、Comaniciu[269]把均值漂移法成功运用于特征空间的数据分析，在图像平滑和图像分割中均都得到了很好的应用。

结合高分影像数据自身的特点，本节对均值漂移算法进行适用于高空间分辨率遥感影像多色彩空间分割的改进，利用航空及 QuickBird 高空间分辨率遥感影像数据分析和比较该算法在 RGB、线性变换空间 YIQ 和 YUV、非线性变换空间 HIS，以及均匀颜色空间 CIELUV 中提取物理影像基元的效果。

3.5.1 均值漂移向量的基本形式

均值漂移向量的基本形式定义为[271]

$$M_h(x) = \frac{1}{k} \sum_{x_i \in S_k} (x_i - x) \tag{3-13}$$

式中，k 表示在这 n 个样本点中，有 k 个点落入区域 S_k 中；S_k 为一个半径为 h 的高维球区域；x_i-x 为点 x_i 相对于样本点 x 的偏移向量；$M_h(x)$ 为对落入区域 S_k 中的 k 个点；x_i 相对于样本点 x 的所有偏移向量之和的均值，称为均值漂移向量或偏移均值。

如果样本点 x_i 从一个概率密度函数 $f(x)$ 中采样得到，由于非零的概率密度梯度指向概率密度增加最大的方向，因此从平均上来说，区域 S_k 内的样本点更多地落在沿着概率密度梯度的方向上。因而，对应的偏移均值向量 $M_h(x)$ 应该指向概率密度梯度的方向。

3.5.2 均值漂移算法的扩展

Yi zong Cheng[265]对基本的均值漂移算法在以下两个方面做了扩展：首先定义了一族核函数，使得样本随着与偏移点距离的不同，其偏移量对均值偏移向量的贡献也不同；其次还设定了一个权重系数，使得不同的样本点重要性不一样，拓展了均值漂移算法的适用范围。

1. 核函数

X 代表一个 d 维的欧氏空间；x 为该空间中的一个点，用一列向量表示，那么 x 的模可表示为 $\|x\|^2 = x^T x$；R 表示实数域，如果一个函数 $K:X \rightarrow R$ 存在一个剖面函数 $K:[0,\infty] \rightarrow R$，即

$$K(x) = C_{k,d} k\left(\|x\|^2\right) = C_{k,d} k(x^T x) \tag{3-14}$$

并且满足 k 是非负的，k 是非增的，即如果 $a<b$，那么 $k(a) \geq k(b)$，k 是分段连续的，并且 $\int_0^\infty k(r)dr < \infty$，那么函数 $K(x)$ 就被称为核函数。其中，核函数系数 $C_{k,d}$ 为常数。核函数有多种形式，如均匀核函数、高斯核函数、Epanechnikov 核函数等。

2. 权重系数

一般而言，离 x 越近的采样点，x_i 对估计周围的统计特性越有效，在计算 $M_h(x)$ 时，需考虑距离的影响。因此，同时对每个样本 x_i 都引入一个权重系数 $w(x_i) \geq 0$。

3.5.3 多变量核函数密度估计

对于 p 维空间中的 n 个样本点 $x_i, i=1,\cdots,n$，多变量核函数密度估计定义为

$$f(\hat{x}) = \frac{1}{n} \sum_{i=1}^{n} K_H(x - x_i) \tag{3-15}$$

式中，K_H 为核函数，定义为

$$K_H(x) = |H|^{-\frac{1}{2}} K(H^{-\frac{1}{2}} x) \tag{3-16}$$

式中，H 为带宽矩阵，一般是 $p \times p$ 维的正对称矩阵。

一般 H 为对角矩阵或单位矩阵的比例阵 $H = h^2 E$，E 为单位矩阵；h 为带宽。核函数密度估计转化为

$$f_k(\hat{x}) = \frac{1}{nh^p} \sum_{i=1}^{n} K\left(\frac{x-x_i}{h}\right) = \frac{C_{k,p}}{nh^p} \sum_{i=1}^{n} k\left(\left\|\frac{x-x_i}{h}\right\|^2\right) \tag{3-17}$$

核函数密度估计的梯度估计为

$$\nabla f_k(\hat{x}) = \frac{2C_{k,p}}{nh^{p+2}} \sum_{i=1}^{n} (x - x_i)\, k'\left(\left\|\frac{x - x_i}{h}\right\|^2\right) \tag{3-18}$$

定义 $k(x)$ 的负导剖面函数 $g(x) = -k'(x)$，则式(3-18)变换为

$$\nabla f_k(\hat{x}) = \frac{2C_{k,p}}{nh^{p+2}} \sum_{i=1}^{n} (x_i - x)\, g\left(\left\|\frac{x - x_i}{h}\right\|^2\right) \tag{3-19}$$

剖面函数 $g(x)$ 对应的核函数 G 为

$$G(x) = C_{g,p} g(\|x\|^2) \tag{3-20}$$

对式(3-19)进行变换则有

$$\nabla f_k(\hat{x}) = \frac{2C_{k,p}}{nh^{p+2}} \sum_{i=1}^{n}\left[g\left(\left\|\frac{x - x_i}{h}\right\|^2\right) \right] \cdot \left[\frac{\sum_{i=1}^{n} x_i g\left(\left\|\frac{x - x_i}{h}\right\|^2\right)}{\sum_{i=1}^{n}\left[g\left(\left\|\frac{x - x_i}{h}\right\|^2\right) \right]} - x \right] \tag{3-21}$$

用核函数 G 作权重 $W_g(x_i)$，则在位置 x 处对应的均值漂移向量可用式(3-21)的最后一项定义为

$$M_{h,g}(x) = \left[\frac{\sum_{i=1}^{n} x_i g\left(\left\|\frac{x - x_i}{h}\right\|^2\right)}{\sum_{i=1}^{n} g\left(\left\|\frac{x - x_i}{h}\right\|^2\right)} - x \right] = \left[\frac{\sum_{i=1}^{n} x_i W_g(x_i)}{\sum_{i=1}^{n} W_g(x_i)} - x \right] \tag{3-22}$$

对剖面函数 $g(x)$，其核函数密度估计为

$$f_g(\hat{x}) = \frac{C_{g,p}}{nh^p} \sum_{i=1}^{n} g\left(\left\|\frac{x - x_i}{h}\right\|^2\right) \tag{3-23}$$

则梯度估计可变换为

$$\nabla f_{\hat{k}}(x) = f_{\hat{g}}(x) \cdot \frac{2C_{k,p}}{h^2 C_{g,p}} \cdot M_{h,g}(x) \tag{3-24}$$

从而有

$$M_{h,g}(x) = \frac{1}{2}h^2 C \frac{\nabla \hat{f}_k(x)}{\nabla \hat{f}_g(x)} \quad C = \frac{C_{g,p}}{C_{k,p}} \tag{3-25}$$

从 $M_{h,g}(x)$ 可知，用核函数 G[剖面函数 $g(x)$]在某点计算得到的均值漂移向量，正比于归一化的用核函数 K[剖面函数 $k(x)$]估计的概率密度函数 $\hat{f}_k(x)$ 的梯度 $\nabla \hat{f}_k(x)$。

归一化因子为用核函数 G 估计的 x 点的核函数密度 $\hat{f}_g(x)$。因此，均值漂移向量 $M_{h,g}(x)$ 总是指向概率密度增加最大的方向。

3.5.4 高分影像空值域联合的核密度梯度估计

对于多光谱高空间分辨率遥感影像，需同时考虑影像像素的空间信息和光谱信息。一个像素的信息可以简化地表示

$$\text{Pixel}(V^S, V^R) = \text{Pixel}(x, y, B_1, \cdots, B_p) = \text{Pixel}[X, u(X)] \tag{3-26}$$

式中，$V^S = (x, y)$ 为像素的空域行列坐标，用 $X(x, y)$ 表示；$V^R = (B_1, \cdots, B_p)$ 为像素的 p 维值域光谱信息，用 $u(X)$ 表示。

空值域联合的核函数可分解为两种信息的核函数之积：

$$K_{SR}(x) = K_S(V^S) \cdot K_R(V^R) \tag{3-27}$$

则空值域联合的核函数密度估计为

$$f_{\hat{K}_{SR}}(\hat{x}) = \frac{C_{k_S,2} C_{k_R,p}}{n h_S^2 h_R^p} \sum_{i=1}^{n} K_S \left(\left\| \frac{x - x_i}{h_S} \right\|^2 \right) \cdot K_R \left(\left\| \frac{u(x) - u(x_i)}{h_R} \right\|^2 \right) \tag{3-28}$$

式中，h_S(2 维)与 h_R(p 维)分别为空域和值域带宽，从而空值域联合的核函数密度梯度估计为

$$\begin{aligned}
\nabla f_{\hat{K}_{SR}}(\hat{x}) &= \frac{2 C_{k_S,2} C_{k_R,p}}{n h_S^4 h_R^p} \sum_{i=1}^{n} (x - x_i) K_S' \left(\left\| \frac{x - x_i}{h_S} \right\|^2 \right) \cdot K_R \left(\left\| \frac{u(x) - u(x_i)}{h_R} \right\|^2 \right) \\
&= \frac{-2 C_{k_S,2} C_{k_R,p}}{n h_S^4 h_R^p} \sum_{i=1}^{n} \left[K_S' \left(\left\| \frac{x - x_i}{h_S} \right\|^2 \right) \cdot K_R \left(\left\| \frac{u(x) - u(x_i)}{h_R} \right\|^2 \right) \right]
\end{aligned}$$

$$\cdot\left\{\frac{\sum_{i=1}^{n}x_{i}K'_{S}\left(\left\|\frac{x-x_{i}}{h_{S}}\right\|^{2}\right)\cdot K_{R}\left(\left\|\frac{u(x)-u(x_{i})}{h_{R}}\right\|^{2}\right)}{\sum_{i=1}^{n}\left[K'_{S}\left(\left\|\frac{x-x_{i}}{h_{S}}\right\|^{2}\right)\cdot K_{R}\left(\left\|\frac{u(x)-u(x_{i})}{h_{R}}\right\|^{2}\right)\right]}-x\right\} \quad (3\text{-}29)$$

则在位置 $X(x, y)$ 处对应的"空值域联合的均值漂移向量"可用式(3-29)的最后一项定义为

$$M_{h_{SR},K_{SR}}(x)=\left\{\frac{\sum_{i=1}^{n}x_{i}K'_{S}\left(\left\|\frac{x-x_{i}}{h_{S}}\right\|^{2}\right)\cdot K_{R}\left(\left\|\frac{u(x)-u(x_{i})}{h_{R}}\right\|^{2}\right)}{\sum_{i=1}^{n}\left[K'_{S}\left(\left\|\frac{x-x_{i}}{h_{S}}\right\|^{2}\right)\cdot K_{R}\left(\left\|\frac{u(x)-u(x_{i})}{h_{R}}\right\|^{2}\right)\right]}-x\right\} \quad (3\text{-}30)$$

空值域联合的多尺度均值漂移算法的迭代过程可描述为在给定遥感影像空域范围内利用式(3-30)先算出当前点的"空值域联合的均值漂移向量",判断该均值向量是否满足终止条件,否则继续在空域范围内移动,直到该均值向量满足一定的终止条件。

3.5.5 空值域联合的多尺度均值漂移分割算法及流程

在3.5.1节~3.5.4节的研究基础上,图3-9给出了空值域联合的多尺度均值漂移算法的步骤描述,以及运用该算法进行高空间分辨率遥感影像分割的流程图。

在算法编程实现时,需要指定的参数包括空域半径 h_S 与值域半径 h_R,以及用于区域合并时最小区域所对应的像素个数 minregion。实际上,最小区域参数的含义对应着基于物理影像基元合并构造语义影像目标时的尺度(scale)层次。改进算法中值域特征的计算分别基于多种色彩空间(RGB、YIQ、YUV、IHS、CIELUV)完成。

输入:高空间分辨率遥感影像(全色+多波段)。
输出:物理影像基元。
算法:
(1) 影像预处理,全色与多光谱融合及滤波处理;
(2) 多色彩空间(RGB、YIQ、YUV、IHS、CIELUV)选择及影像重构;
(3) 随机或根据经验确定分割参数,包括兴趣尺度(scale),空域半径(h_S)和值域半径(h_R);
(4) 均值漂移滤波;
(5) 在空域范围 h_S 内利用式(3-30)计算出当前点 $x(x,y)$ 的"空-值域联合的均值漂移向量",判断该均值向量是否满足终止条件,满足转步骤(6),否则继续在 h_S 内移动(区域生长与合并),迭代直至该均值向量满足终止条件;
(6) 获取当前参数方案下的初步分割结果(物理影像基元),判断该结果是否满足最终分割结果要求(是否存在过分割或欠分割),满足转步骤(7),否则转步骤(3);
(7) 多尺度分割结果(物理影像基元)。

(a) 算法步骤

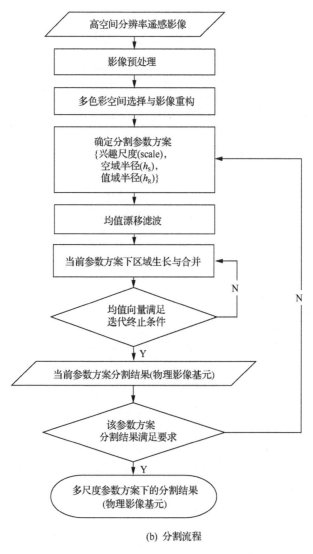

(b) 分割流程

图 3-9 空值域联合的多尺度均值漂移算法及分割流程

3.5.6 空值域联合的多尺度均值漂移算法分割实验

1. 实验区概况与实验方法

选取福州市城区内 1024×1024 像元范围的 QuickBird 影像与航空高分影像为实验数据(图 3-10),采用 GS 融合法对 QuickBird 影像的多光谱波段与全色波段做融合处理。实验区内分布有房屋(材质:高亮水泥、灰暗水泥、植绒钢板、红瓦、琉璃瓦等)、道路(材质:水泥、路面汽车等)、树木、水体、草地、裸地等地物类型,所选实验区土地覆盖类型较为全面,满足样本数据应该具备的代表性。

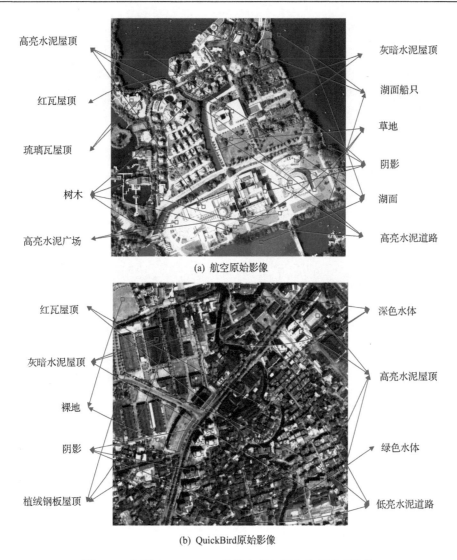

图 3-10 福州市 QuickBird 及航空高空间分辨率遥感影像

利用上述改进的空–值域联合的多尺度均值漂移算法,分别在 RGB、YIQ、YUV、IHS、CIELUV 色彩空间中对图 3-10 进行参数设置依次增大的 3 次(可以进行更多次数,限于篇幅本章在此仅选择具有代表性的方案加以说明)分割实验,得到各色彩空间的分割结果,如图 3-11~图 3-13 所示。

2. 实验结果分析

由于分割前无法获取有关实验区内地物语义影像目标的几何与属性特征,以及对应的参考分割尺度等指导分割任务的先验知识,所以仅按照分割参数由小到大的规律给出了 3 组分割参数设置方案,以便摸索这两幅影像分割参数设置的规律,并从中找到相对较好的分割结果。

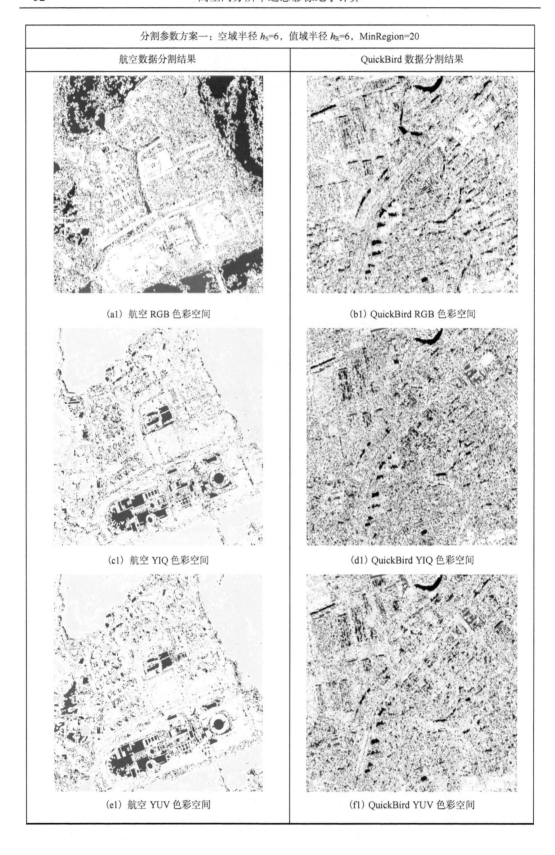

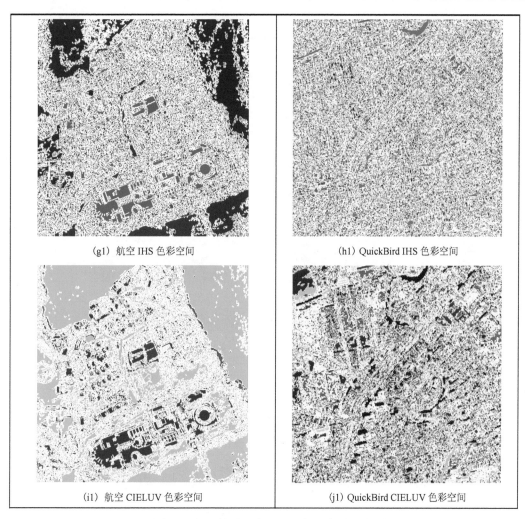

图 3-11　多色彩空间空值域联合的多尺度均值漂移分割结果比较

不同色彩空间及分割参数设置得到的影像分割结果如图 3-11~图 3-13 所示，同时对各个分割参数方案得到的实验结果进行分析与评述。实验结果表明，虽然算法较好地完成了分割任务，但随着参数设置的不同，分割结果的尺度差异性非常明显，过分割与欠分割现象均有不同程度的发生。

对这些分割结果进一步分析后可知，虽然利用空值域联合的多尺度均值漂移算法能够对高分影像在不同的色彩空间进行分割，但不同色彩空间中物理影像基元的提取效果存在较大差异。此外，对分割结果的人工寻优过程是所有非自适应分割算法均必须面对且无法回避的问题。

分割参数设置过多依赖经验，甚至依靠大量尝试性实验而获取，导致分割与识别任务的自动化程度极低，包括已经集成在商业软件 eCognition® 的多尺度分割算法也存在类似问题，其参数设置很大程度上依赖于大量的人工随机性尝试才能最终确定，其算法缺乏自适应性。

分割参数方案二：空域半径 h_S=24，值域半径 h_R=24，MinRegion=80

航空数据分割结果	QuickBird 数据分割结果
(a2) 航空 RGB 色彩空间	(b2) QuickBird RGB 色彩空间
(c2) 航空 YIQ 色彩空间	(d2) QuickBird YIQ 色彩空间
(e2) 航空 YUV 色彩空间	(f2) QuickBird YUV 色彩空间

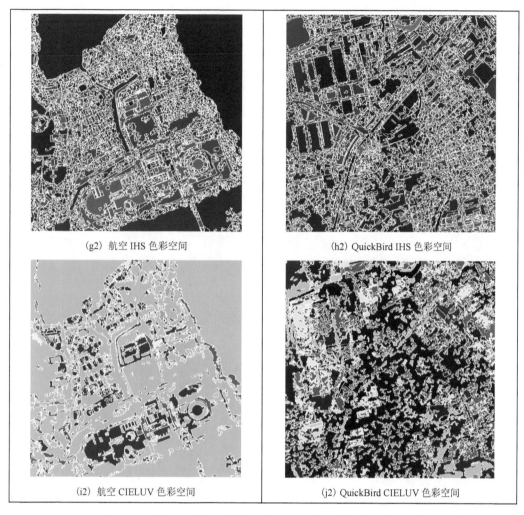

(g2) 航空 IHS 色彩空间　　　　　　　(h2) QuickBird IHS 色彩空间

(i2) 航空 CIELUV 色彩空间　　　　　(j2) QuickBird CIELUV 色彩空间

图 3-12　多色彩空间空值域联合的多尺度均值漂移分割结果比较

图 3-11 对多色彩空间空-值域联合的多尺度均值漂移分割结果进行了分析比较，分割结果表明，当分割参数设置为空域半径 h_S=6，值域半径 h_R=6，最小区域像素个数 MinRegion=20 时，在 RGB、IHS、YIQ、YUV、CIELUV 色彩空间中，尽管两幅影像中分割得到的物理影像基元同质性很高，但地物语义影像目标均出现了较为严重的过分割现象。

在多色彩空间中，航空影像数据中具有高亮特征并且面积较大的水泥广场、道路及屋顶分割效果相对较好。此外，具有低亮光谱特征并且面积最大的湖水区域分割效果也较好，该尺度分割结果中还包含可分辨的湖面游船。在 RGB 和 IHS 色彩空间中，地物语义影像目标的过分割现象较 YIQ、YUV、CIELUV 色彩空间更加严重。

在 RGB、IHS、YIQ、YUV、CIELUV 色彩空间中，QuickBird 影像数据均出现相对于地物语义影像目标的过分割，其中又以 RGB 和 IHS 色彩空间中的过分割现象最为严重，如图 3-11（b1）和图 3-11（h1）所示。

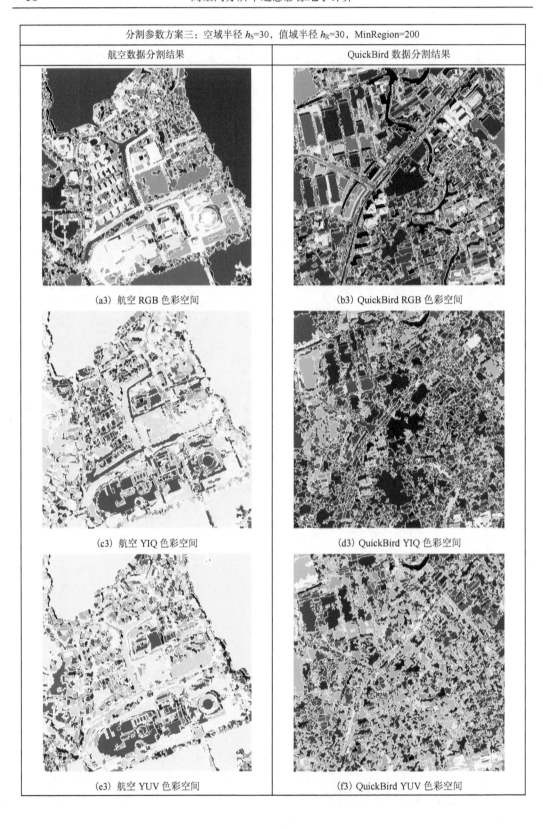

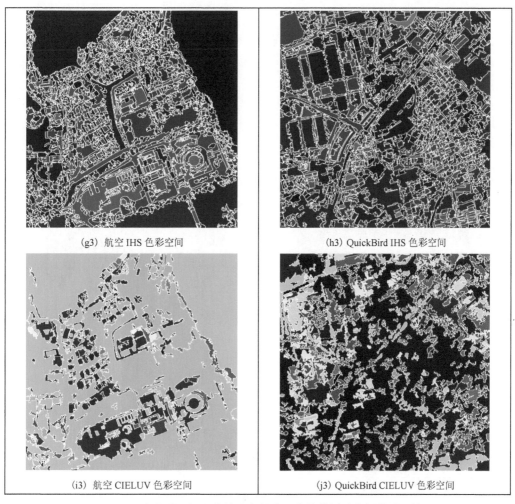

图 3-13　多色彩空间空值域联合的多尺度均值漂移分割结果比较

分割结果还显示，航空影像数据较 QuickBird 影像数据更适合该分割参数方案。

图 3-12 为分割参数设置为空域半径 h_S=24，值域半径 h_R=24，最小区域像素个数 MinRegion=80 时得到的分割结果，从图 3-12 中可以看出，在不同色彩空间中的分割结果差异较为明显。

两幅影像在 RGB 色彩空间中局部存在一定程度的过分割，在 IHS 色彩空间中过分割现象比较普遍，但均能得到较为合理的分割结果。

在 YIQ、YUV 色彩空间中，航空影像数据分割结果较为恰当，而在 CIELUV 色彩空间中则出现了一定程度的欠分割现象。在 YIQ、YUV、CIELUV 色彩空间中，QuickBird 影像数据的分割效果不太理想。

实验结果表明，在色彩空间 YIQ、YUV、CIELUV 中，航空影像数据对分割算法表现出较 QuickBird 影像数据更强的适应性。

图 3-13 中的分割结果表明，当分割参数设置为空域半径 h_S=30，值域半径 h_R=30，最小区域像素个数 MinRegion=200 时，两幅影像在 RGB 和 IHS 色彩空间中的分割效果

比较理想。

在 YIQ、YUV 色彩空间中，航空影像的分割结果中出现较为严重的欠分割现象，而在 CIELUV 色彩空间中的欠分割现象十分严重。在 YIQ、YUV 和 CIELUV 色彩空间中，QuickBird 影像数据的分割效果也不理想。

实验结果表明，RGB 与 IHS 色彩空间对航空影像和 QuickBird 影像数据的分割均比较适应。而在 YIQ、YUV 和 CIELUV 色彩空间中，航空影像数据较 QuickBird 影像数据对分割算法的适应性更强。

图 3-14 是基于多尺度分割结果的细部对比，该图从图 3-11~图 3-13 中截取了与图 3-10 局部相对应的影像区域，用于对比分析不同色彩空间与参数设置的多尺度分割结果的细节信息。

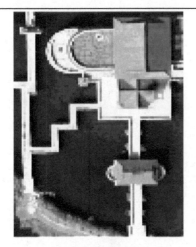

(a) 航空原始影像细部　　　　　　　　(b) QuickBird 原始影像细部

分割参数方案一：空域半径 h_S=6，值域半径 h_R=6，MinRegion=20

航空数据分割结果　　　　　　　　　　QuickBird 数据分割结果

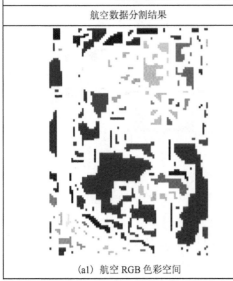

(a1) 航空 RGB 色彩空间　　　　　　　(b1) QuickBird RGB 色彩空间

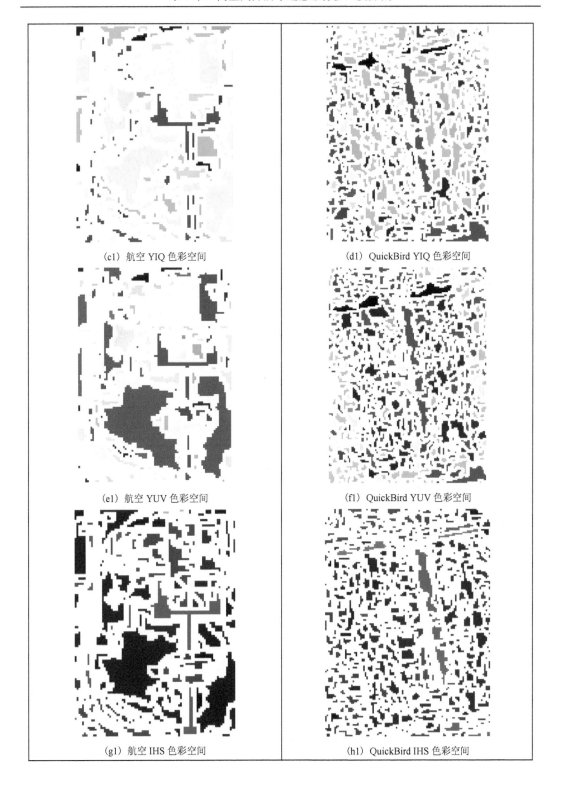

(c1) 航空 YIQ 色彩空间　　　　　(d1) QuickBird YIQ 色彩空间

(e1) 航空 YUV 色彩空间　　　　　(f1) QuickBird YUV 色彩空间

(g1) 航空 IHS 色彩空间　　　　　(h1) QuickBird IHS 色彩空间

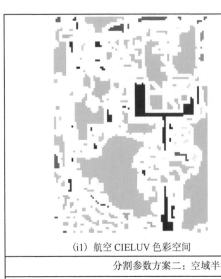
(i1) 航空 CIELUV 色彩空间

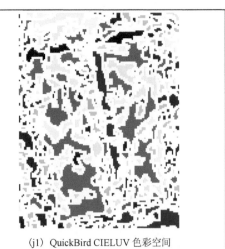
(j1) QuickBird CIELUV 色彩空间

分割参数方案二：空域半径 h_S=24，值域半径 h_R=24，MinRegion=80

航空数据分割结果 — QuickBird 数据分割结果

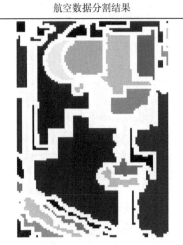
(a2) 航空 RGB 色彩空间

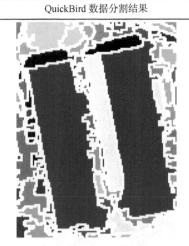
(b2) QuickBird RGB 色彩空间

(c2) 航空 YIQ 色彩空间

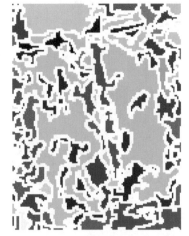
(d2) QuickBird YIQ 色彩空间

(e2) 航空 YUV 色彩空间

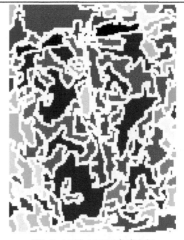

(f2) QuickBird YUV 色彩空间

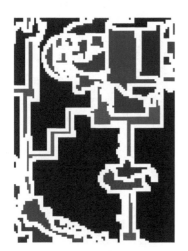

(g2) 航空 IHS 色彩空间

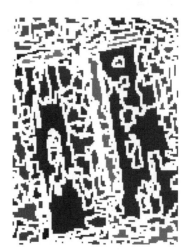

(h2) QuickBird IHS 色彩空间

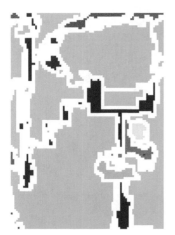

(i2) 航空 CIELUV 色彩空间

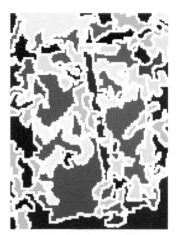

(j2) QuickBird CIELUV 色彩空间

分割参数方案三：空域半径 h_S=30，值域半径 h_R=30，MinRegion=200

航空数据分割结果	QuickBird 数据分割结果
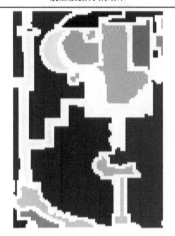 (a3) 航空 RGB 色彩空间	 (b3) QuickBird RGB 色彩空间
 (c3) 航空 YIQ 色彩空间	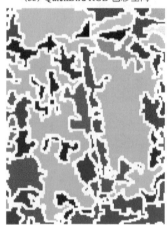 (d3) QuickBird YIQ 色彩空间
 (e3) 航空 YUV 色彩空间	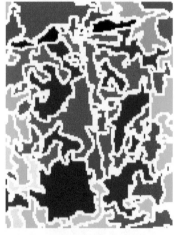 (f3) QuickBird YUV 色彩空间

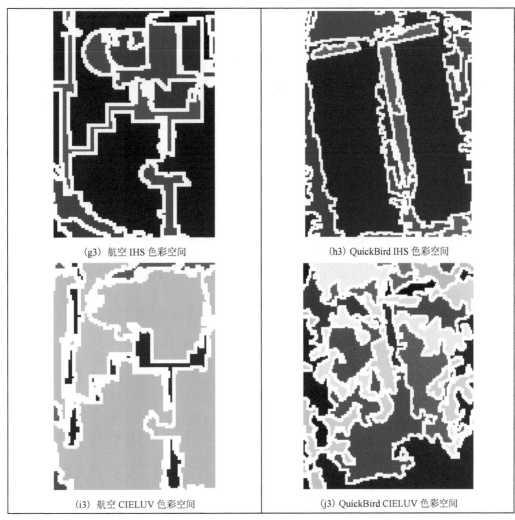

图 3-14 基于多尺度分割结果的细部对比分析

图 3-14 中的"(a)航空原始影像细部"包含具有细长特征的走廊、面积较大的亭阁和湖面等主要语义影像目标;"(b)QuickBird 原始影像细部"包含树木、裸地、阴影、高亮屋顶和低亮屋顶等主要语义影像目标。

对比分析图 3-14 中高分影像多尺度分割结果的细节可以更清晰地看出,在不同色彩空间中,随着参数设置的不同,算法分割结果的差异将会非常明显,分割算法对参数设置的依赖性很强。不同参数条件下,细部影像在 RGB 和 IHS 色彩空间中分割效果相对较好,在 YIQ 及 YUV 色彩空间中 QuickBird 影像数据的分割效果不理想。由于该算法缺乏自适应性,仅从图 3-13 中的结果来看,当条件为"分割参数空域半径 h_S=30,值域半径 h_R=30,MinRegion=200"时,在 RGB 和 IHS 色彩空间中的分割效果比较理想。

综上所述,图 3-11~图 3-14 的分割结果表明,虽然利用空值域联合的多尺度均值漂移算法实现了福州市航空及 QuickBird 高空间分辨率遥感影像在 RGB、IHS、YIQ、YUV 和 CIELUV 色彩空间中的分割,但在不同色彩空间中,该算法的分割结果存在较大差异。

航空影像数据在各色彩空间中的分割效果良好,其中又以 RGB 和 IHS 色彩空间分割效果最优;QuickBird 影像数据在 YIQ、YUV 和 CIELUV 色彩空间中的分割效果不太理想,显示出 RGB 和 IHS 色彩空间对分割数据类型的适应性更强。

该算法对参数的调整比较敏感,不同色彩空间在同一分割参数条件下显示出不同的分割效果,同一色彩空间在不同尺度参数条件下的分割结果差异也较大,从而增加了该分割算法参数设置的难度。

3. 实验结论

(1) 高空间分辨率遥感影上地物几何与属性细节信息清晰且目视效果直观,该类影像的分割效果可通过目视对比进行评价。

(2) 在不同的色彩空间中,改进算法的分割结果存在不同程度的差异,RGB 和 IHS 色彩空间对分割数据类型的适应性更强,分割效果与 eCognition® 多尺度分割算法相当。

(3) 空值域联合的多尺度均值漂移算法仍存在一定的局限性,即分割参数设置过多依赖于经验且随机性很强,同时该算法缺乏自适应性。

3.6 边缘区域集成的高分辨率遥感影像分割

一般分割得到的物理影像基元区域需要同时满足相似性和不连续性两个基本特性[263]。相似性是指物理影像基元内的所有像元点均满足基于灰度、色彩、纹理等特征的某种相似性准则,该准则是基于区域分割方法的出发点。不连续性是指物理影像基元特征在区域边界处的不连续性准则,而该准则却是基于边缘分割方法的出发点。显然,同时利用具有互补性的这两种特性对于改善分割效果具有很大的发展潜力。

在分割过程中恰当地引入先验知识将会显著改善分割效果。由于高空间分辨率遥感影像数据自身的复杂性,仅仅依赖单一的分割方法和策略,一般难以获得较好的分割结果。基于边缘的分割方法由于受高空间分辨率遥感影像数据自身复杂性的影响,边缘检测结果中时常伴随着大量伪边缘和不连续信息。基于区域的分割方法通常会受到难以有效确定初始种子点,以及生长准则的限制,很容易在边缘过渡区产生错误的分割结果。因此,如何在分割任务中同时利用边缘信息与区域信息的互补性,以集成的分割方法和策略实现有效分割已成为分割方法发展的趋势。

代表性的集成分割方法主要有基于边缘和区域[238, 270-278]、光谱和形状[239],以及光谱和纹理[240-241]等信息的分割方法,嵌入式和后处理是目前常用的两种集成策略[238, 270]。本节在现有研究成果的基础上,进行集成边缘和区域信息自适应分割方法的研究与实践。

3.6.1 边缘与区域集成的策略

1. 嵌入式集成策略

嵌入式集成策略一般通过给分割算法引入新的分割参数或生长准则的形式予以实

现。最常见的方式为，首先，通过一定的途径获取有关影像的边缘信息；然后，以一定的方式应用于基于区域的分割方法；最终实现两者的统一。例如，在区域增长算法中，可利用该策略指导种子点的获取或布设。图 3-15(a)是该策略的概要描述[270]。

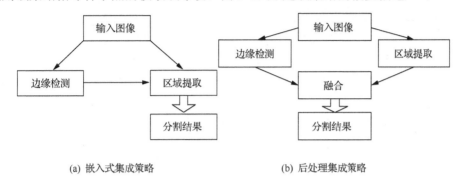

(a) 嵌入式集成策略　　　　　(b) 后处理集成策略

图 3-15　边缘与区域集成策略

2. 后处理集成策略

后处理集成策略可描述为首先，分别获取有关影像的边缘检测和区域提取结果；然后，通过像素、特征或决策级融合的方式，将具有互补性的边缘和区域信息用于最终分割结果的改善，以期获取更有效的分割结果。图 3-15(b)是该策略的概要描述[270]。

表 3-2 归纳了基于上述两种集成策略的常见集成分割方法。

表 3-2　基于嵌入式和后处理集成策略的集成分割方法

集成分割方法			集成分割流程
嵌入式集成	控制生长准则	分裂合并	分裂合并过程不仅考虑区域像元值的方差，同时引入标准：区域内部不能包含边缘。相关研究请参考文献[278-285]
		区域生长	区域生长时，不仅考虑相邻像元间的梯度，同时引入标准：不能越过边缘。相关研究请参考文献[286-296]
		分水岭	生成梯度影像后，将梯度视为高程，模拟涨水的过程，则分水岭处对应影像中的边缘。相关研究请参考文献[79-94,295-298]
		活动区域模型	采用能量函数依据边界形状、活动区域内部信息及其边界处的边缘信息优化初始分割区域边界。相关研究请参考文献[301-315]
	指导种子点布置		区域的种子点最好尽量远离边缘，至少应该与提取的边缘保持一定距离。相关研究请参考文献[316-317]
后处理集成	边界修正	过分割	利用边缘修改过分割区域，舍弃错误的区域边界，或基于区域信息舍弃伪边缘。相关研究请参考文献[318-321]
		多分辨率修正	以低分辨率做基于区域的分割，再逐步以更高的分辨率修正已经得到的区域边界。相关研究请参考文献[322-330]
		蛇模型修正	先分别做基于区域和基于边缘的分割，再采用能量函数依据边缘信息优化基于区域的分割边界。相关研究请参考文献[331-333]
	选择评价		以不同参数得到若干个基于区域的分割方案，根据与已提取边缘的吻合程度选用最好的。相关研究请参考文献[334-336]

3.6.2 AICMS 算法概述

利用嵌入式集成策略，本节通过对空值域联合的多尺度均值漂移分割算法引入基于高分影像自身边缘及光谱特征的空域、值域，以及尺度计算模型，以便改进该算法仍存在的局限（分割参数设置过多依赖经验且随机性很强，算法缺乏自适应性）。改进后的集成边缘区域信息空值域联合的自适应多尺度均值漂移算法简称为 AICMS(adaptive integration of canny and mean shift segmentation algorithm)。算法步骤简要描述如下：首先，通过对高空间分辨率遥感影像进行矢量边缘检测，获取整幅影像的边缘信息。在此基础上，进行影像空域半径及分割尺度参数的分析和计算。其次，在分析各波段光谱值分布规律的基础上进行值域半径参数计算。最后，将自适应获取的空域半径、尺度和值域半径引入空值域联合的多尺度均值漂移分割算法，从而实现集成边缘区域信息的自适应嵌入式分割。

AICMS 算法可以自适应根据高分影像自身的性质确定合理的分割参数，将从高空间分辨率遥感影像中提取出的矢量边缘信息，以及影像自身的光谱统计信息作为先验知识，对算法分割过程进行嵌入式优化指导，其分割过程无需人工输入任何参数和干预。此外，用户也可根据分割结果调整该算法自适应确定的分割参数方案，支持用户对分割结果进行期望值形式的定制。

1. 基于边缘信息的空域半径计算模型

空域半径是指每次迭代计算均值漂移向量时的空间范围，合理的计算半径将对分割精度和算法效率产生较大的影响。

基于线密度思想，首先从高空间分辨率遥感影像中提取出矢量边缘信息量 B_{info}，将其与影像的总信息量 T_{info} 相比较，得到单位面积内的线密度信息量的倒数 T_{info}/B_{info}，从而建立基于线密度信息量的空域半径 Spatial R 的数学模型：

$$\text{Spatial } R = \alpha \times \frac{T_{info}}{\text{Edge}P \times B_{info}} \qquad \alpha \in [0,1] \qquad (3-31)$$

式中，α 为空域半径的权重系数；由于存在伪边缘信息，系数 Edge$P$ 用于消除伪边缘。

空域半径的计算依据影像内部语义影像目标的空间复杂度，自适应给出影像多尺度分割时的最优空域半径参数为主要针对高分影像几何细节信息处理的参数。

2. 基于边缘信息的尺度计算模型

尺度是由物理影像基元构成的语义影像目标内部特征模式异质性最小的分割阈值。尺度计算模型可定义为

$$\text{Scale}M = \beta \times \frac{T_{\text{info}}}{\text{Edge}P \times B_{\text{info}}} \times F_{\text{info}} \quad \beta \in [0,1] \tag{3-32}$$

式中，β 为尺度权重系数；T_{info} 为整幅影像的信息量，影像给定后其为一常量；B_{info} 为影像中的边缘信息量，影像中边缘越多，其值越大；F_{info} 为影像中的非边缘信息量，影像中边缘越多，其值越小。

尺度的自适应性可以对分割得到的物理影像基元与语义影像目标间的匹配程度进行动态调整，并依据影像特征给出影像多尺度分割时的最优尺度参数。

3. 基于影像光谱统计信息的值域半径计算模型

值域半径决定算法将在多大光谱异质性参考范围内进行同质性区域检测，同样该参数的有效选取将在很大程度上决定算法的分割精度和执行效率。

各波段光谱值的分布规律在一定程度上反映了影像的总体光谱特征，值域半径的获取与影像各波段光谱信息密切相关，所以算法将影像光谱信息统计量作为值域的参考半径。值域半径 RangeR 的数学模型为

$$\text{RangeR} = \text{SpectralSta}(\text{image}) \tag{3-33}$$

式中，image 为高空间分辨率影像；SpectralSta 为值域半径统计计算函数。

对于描述光谱异质性的值域半径参数，其统计特征可以为局域化的多元统计量，目的是要尽可能地对语义影像目标内的光谱异质性给出最为有效的表达。当多元统计量空间上趋于局域化后，值域半径的取值可对有效空域半径范围中的像元通过多元统计分析来获取，从而实现该参数获取的自适应性。

3.6.3 AICMS 算法及流程

在 3.6.2 节所述研究成果的基础上，图 3-16 给出了 AICMS 算法的步骤描述，以及运用该算法进行高空间分辨率遥感影像分割的流程图。

输入：高空间分辨率遥感影像(全色+多波段)。
输出：物理影像基元。
算法：
(1) 影像预处理，全色与多光谱融合/滤波处理；
(2) 多色彩空间选择及影像重构；
(3) 矢量边缘信息提取(包括伪边缘信息剔除）；
(4) 基于边缘和影像光谱特征统计信息的分割参数自适应获取[包括兴趣尺度(scale)，空域半径(h_S)和值域半径(h_R)]；
(5) 确定或修改(基于分割结果考察是否对自适应分割参数方案进行修改)自适应分割参数；
(6) 在空域范围h_S内利用式(3-30)计算当前点$x(x, y)$的"空-值域联合的均值漂移向量"，判断该均值向量是否满足终止条件，满足转步骤(7)，否则继续在h_S内移动(区域生长与合并)，迭代直至该均值向量满足终止条件；
(7) 获取当前自适应参数方案下的初步分割结果(物理影像基元)，判断该结果是否满足最终分割结果要求(是否存在过分割或欠分割)，满足转步骤(8)，否则转步骤(5)；
(8) 自适应多尺度分割结果(物理影像基元)。

(a) 算法步骤

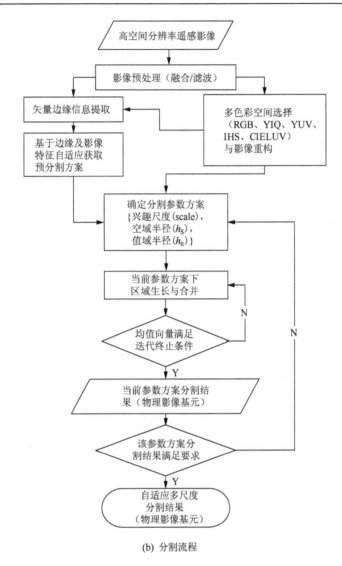

(b) 分割流程

图 3-16 集成边缘区域信息空–值域联合的自适应多尺度均值漂移算法及分割流程

3.6.4 AICMS 算法分割实验

1. 实验区概况与实验方法

为实证研究算法的有效性、普适性和自适应性，实验采用 GeoEye、QuickBird，以及航空影像为样本数据，每种数据类型均包括 6 幅不同区域的影像[图 3-17(a)~(f)，图 3-18(a)~(f)，图 3-19(a)~(f)]，每幅影像大小为 1024×1024 像素，更大范围的分割任务可通过分块处理完成，分块分割后的缝合处理可采用现有相关研究文献[337]中介绍的方法。需要说明的是，数据的分块策略对分割结果会产生一定的影响，因为不同大小或范围的数据块可能会得出差异较大的分割参数，影响的程度取决于算法对数据的自适应性。

实验区内分布有房屋(包括高亮水泥、灰暗水泥、植绒钢板、红瓦与琉璃瓦等材质类型)、道路(包括沥青、水泥、暗红色地砖、路面汽车与路面分道线等材质类型)、停车场、农田、树木、水体、草地、裸地等地物类型;所选实验区地物语义目标类型较为全面,满足作为样本数据应该具备的代表性。

利用上述改进的 AICMS 算法,分别在 RGB、IHS 色彩空间中对[图 3-17(a)~(f), 图 3-18(a)~(f), 图 3-19(a)~(f)]中 3 种类型的高分遥感影像数据进行自适应分割实验,得到对应色彩空间的分割结果[图 3-17(a1)~(f1), 图 3-17(a2)~(f2), 图 3-18(a1)~(f1), 图 3-18(a2)~(f2), 图 3-19(a1)~(f1), 图 3-19(a2)~(f2)]。

2. 实验结果分析

目视评价和定量评价是现有文献中常用的两种评价遥感影像分割结果的方式。高空间分辨率遥感影像中地物几何与属性细节信息清晰、目视效果直观,本节对分割结果的评价以目视效果为依据。

AICMS 算法执行过程中,只需输入待分割的影像数据、选择要利用的色彩空间即可得到分割结果,算法具有自适应性(自动化程度高)。图 3-17~图 3-20 的实验结果表明,该自适应分割算法对 GeoEye、QuickBird,以及航空影像等高空间分辨率遥感影像数据具有普适性;总体上,在色彩空间 RGB 中的分割效果略优于 IHS,具体分析如下。

(1)在大尺度和小尺度语义影像目标共存的 GeoEye 影像[图 3-17(a),图 3-17(f)]、QuickBird 影像[图 3-18(a),图 3-18(d)]、航空影像[图 3-19(a),图 3-19(b),图 3-19(e)]中,AICMS 算法在 RGB 和 IHS 色彩空间对不同尺度地物目标均表现出良好的分割效果,避免了同类算法中通常会出现的过分割与欠分割问题,即"当小尺度语义影像目标分割效果良好时,大尺度语义影像目标存在过分割(或当大尺度语义影像目标分割效果良好时,小尺度语义影像目标存在欠分割)"。

(2)在中尺度语义影像目标居多的 GeoEye 影像[图 3-17(c),图 3-17(d)]、QuickBird 影像[图 3-18(b),图 3-18(c)]、航空影像[图 3-19(c),图 3-19(d)],以及小尺度语义影像目标密布的 GeoEye 影像[图 3-17(b),图 3-17(e)]、QuickBird 影像[图 3-18(e),图 3-18(f)]、航空影像[图 3-19(f)]中,AICMS 算法在 RGB 和 IHS 色彩空间对不同尺度地物目标均表现出良好的分割效果,达到了有效提取对应物理影像基元的要求。

为便于图幅检索和细部对比分析,表 3-3 依据语义影像目标尺度将实验数据进行了简要划分。下文仅对 GeoEye 影像[图 3-17(a)]、QuickBird 影像[图 3-18(a)]和航空影像[图 3-19(a)]的分割效果作出详细分析和说明,其他影像的分割效果仅作简要说明,细节请参考图 3-17~图 3-20 中的结果。

图 3-17~图 3-19 中每幅影像的参考分割参数方案(括号中 Rh_S,Rh_R 和 R_{scale} 的值)由 AICMS 算法根据每幅影像的特征通过自适应计算获取。相对于 3.5.5 节提出的空值域联合多尺度均值漂移分割算法与 eCognition® 中集成的多尺度分割算法(两者均存在因人工调试参数而导致的问题),AICMS 算法的自适应性明显提高了分割的效率。

表 3-3　按语义影像目标尺度划分的实验数据分布

影像类型及编号	GeoEye 影像	QuickBird 影像	航空影像
大、小尺度语义影像目标居多的影像	图 3-17：a 和 f	图 3-18：a 和 d	图 3-19：a、b 和 e
中尺度语义影像目标居多的影像	图 3-17：c 和 d	图 3-18：b 和 c	图 3-19：c 和 d
小尺度语义影像目标居多的影像	图 3-17：b 和 e	图 3-18：e 和 f	图 3-19：f

图 3-17 为运用 AICMS 算法分割 GeoEye 影像的结果，以下内容为采用 RGB 色彩空间执行该算法所得分割结果的分析与结论。

(1)"湖水区域"(包括深色和浅色区域)作为影像中尺度最大的语义影像目标分割效果良好，形成图中最大的一个物理影像基元，而"湖面船只"作为"湖水区域"内部的异质性语义影像目标在分割结果中被消除。此外，语义影像目标"农田覆被区"和"农田未覆被区"，以及"草地"也取得了较好的分割效果。

GeoEye 数据分割结果

(a) GeoEye 原始影像 A

(a1) RGB (Rh_S=13, Rh_R=15, R_{scale}=120)

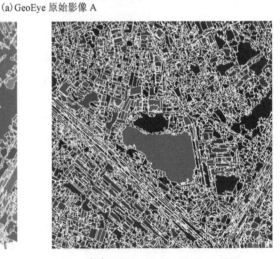

(a2) IHS (Rh_S=22, Rh_R=12, R_{scale}=130)

(b) GeoEye 原始影像 B

(b1) RGB(Rh_S=13, Rh_R=14, R_{scale}=120)

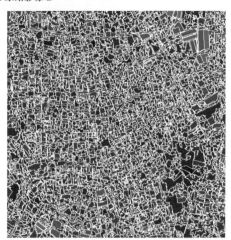

(b2) IHS(Rh_S=22, Rh_R=10, R_{scale}=132)

(c) GeoEye 原始影像 C

(c1) RGB(Rh_S=15, Rh_R=30, R_{scale}=108)

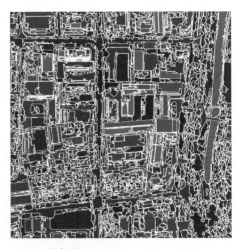
(c2) IHS(Rh_S=25, Rh_R=16, R_{scale}=130)

(d) GeoEye 原始影像 D

(d1) RGB(Rh_S=14, Rh_R=17, R_{scale}=114)

(d2) IHS(Rh_S=24, Rh_R=14, R_{scale}=154)

(e) GeoEye 原始影像 E

(e1) RGB(Rh_S=11, Rh_R=15, R_{scale}=140)

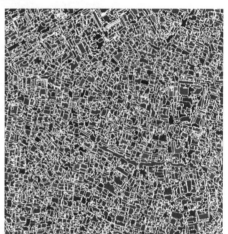

(e2) IHS(Rh_S=12, Rh_R=13, R_{scale}=157)

(f) GeoEye 原始影像 F

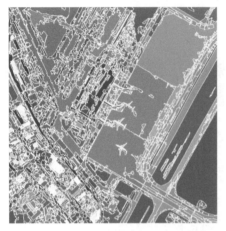
(f1) RGB(Rh_S=14, Rh_R=13, R_{scale}=118)

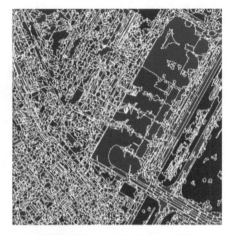
(f2) IHS(Rh_S=23, Rh_R=10, R_{scale}=115)

图 3-17 基于 AICMS 算法 GeoEye 影像的分割结果

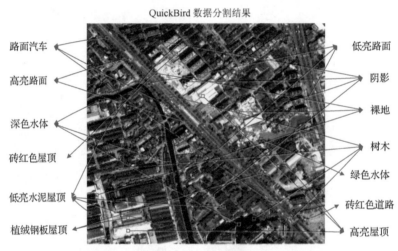
(a) QuickBird 原始影像 A

(a1) RGB(Rh_S=13, Rh_R=25, R_{scale}=120)

(a2) IHS(Rh_S=39, Rh_R=20, R_{scale}=210)

(b) QuickBird 原始影像 B

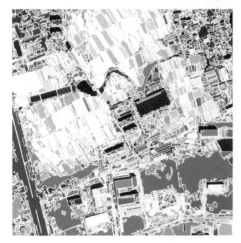 

(b1) RGB(Rh_S=13, Rh_R=22, R_{scale}=120)　　　　(b2) IHS(Rh_S=27, Rh_R=15, R_{scale}=228)

(c) QuickBird 原始影像 C

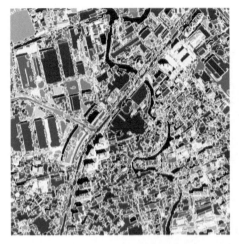
(c1) RGB(Rh_S=12, Rh_R=26, R_{scale}=124)

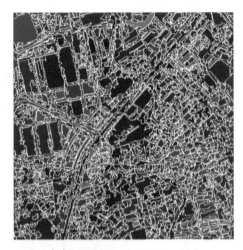
(c2) IHS(Rh_S=40, Rh_R=20, R_{scale}=205)

(d) QuickBird 原始影像 D

(d1) RGB(Rh_S=13, Rh_R=27, R_{scale}=122)

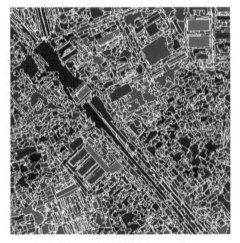
(d2) IHS(Rh_S=36, Rh_R=17, R_{scale}=209)

第3章　高空间分辨率遥感影像多尺度分割

(e) QuickBird 原始影像 E

(e1) RGB(Rh_S=13, Rh_R=21, R_{scale}=120)

(e2) IHS(Rh_S=42, Rh_R=18, R_{scale}=219)

(f) QuickBird 原始影像 F

(f1) RGB(Rh_S=12, Rh_R=20, R_{scale}=128)

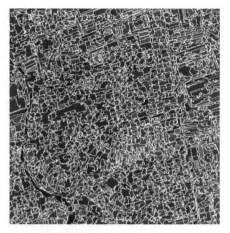
(f2) IHS(Rh_S=32, Rh_R=13, R_{scale}=236)

图 3-18 基于 AICMS 算法 QuickBird 影像的分割结果

航空数据分割结果

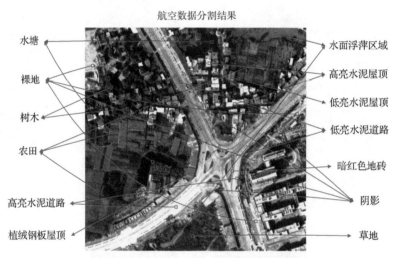

(a) 航空原始影像 A

(a1) RGB(Rh_S=14, Rh_R=29, R_{scale}=125)

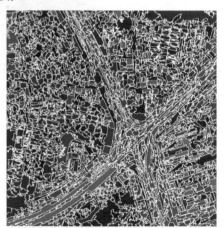
(a2) IHS(Rh_S=29, Rh_R=17, R_{scale}=221)

(b) 航空原始影像 B

(b1) RGB(Rh_S=13, Rh_R=31, R_{scale}=123)

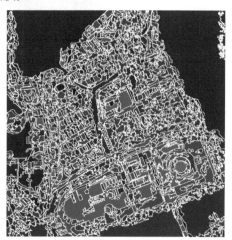

(b2) IHS(Rh_S=23, Rh_R=16, R_{scale}=203)

(c) 航空原始影像 C

(c1) RGB($Rh_S=11$, $Rh_R=30$, $R_{scale}=134$)

(c2) IHS($Rh_S=25$, $Rh_R=19$, $R_{scale}=226$)

(d) 航空原始影像 D

(d1) RGB($Rh_S=10$, $Rh_R=26$, $R_{scale}=154$)

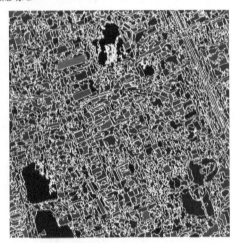
(d2) IHS($Rh_S=23$, $Rh_R=17$, $R_{scale}=239$)

(e) 航空原始影像 E

(e1) RGB(Rh_S=10, Rh_R=24, R_{scale}=151)

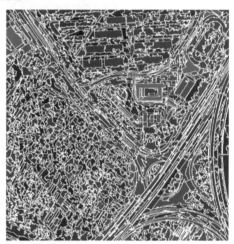

(e2) IHS(Rh_S=18, Rh_R=13, R_{scale}=281)

(f) 航空原始影像 F

(f1) RGB (Rh_S=12, Rh_R=22, R_{scale}=134)

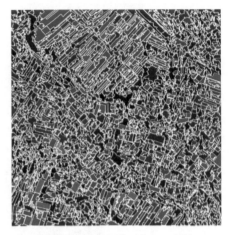
(f2) IHS (Rh_S=24, Rh_R=22, R_{scale}=233)

表 3-19　基于 AICMS 算法航空影像的分割结果

GeoEye 影像数据分割结果

(a) GeoEye 原始影像 A

(a1) RGB (Rh_S=13, Rh_R=15, R_{scale}=120)

(a2) IHS (Rh_S=22, Rh_R=12, R_{scale}=130)

(b) GeoEye 原始影像 B

(b1) RGB(Rh_S=13, Rh_R=14, R_{scale}=120)

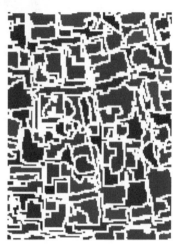

(b2) IHS(Rh_S=22, Rh_R=10, R_{scale}=132)

(c) GeoEye 原始影像 C

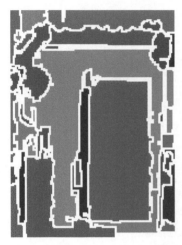
(c1) RGB ($Rh_S=15, Rh_R=20, R_{scale}=108$)

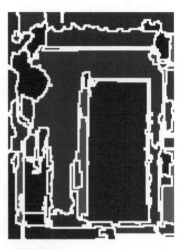
(c2) IHS ($Rh_S=25, Rh_R=16, R_{scale}=130$)

(d) GeoEye 原始影像 D

(d1) RGB ($Rh_S=14, Rh_R=17, R_{scale}=114$)

(d2) IHS ($Rh_S=24, Rh_R=14, R_{scale}=154$)

(e) GeoEye 原始影像 E

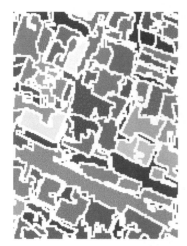

(e1) RGB(Rh_S=11, Rh_R=15, R_{scale}=140)

(e2) IHS(Rh_S=12, Rh_R=13, R_{scale}=157)

(f) GeoEye 原始影像 F

(f1) RGB(Rh_S=14, Rh_R=13, R_{scale}=118)

(f2) IHS(Rh_S=23, Rh_R=10, R_{scale}=115)

(a) QuickBird 原始影像 A

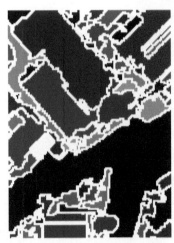
(a1) RGB(Rh_S=13, Rh_R=25, R_{scale}=120)

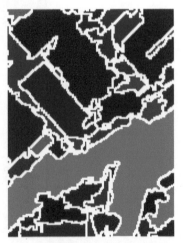
(a2) IHS(Rh_S=39, Rh_R=20, R_{scale}=210)

第3章 高空间分辨率遥感影像多尺度分割

(b) QuickBird 原始影像 B

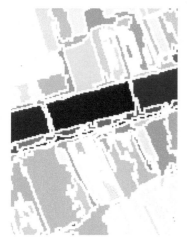

(b1) RGB ($Rh_S=13$, $Rh_R=27$, $R_{scale}=120$)

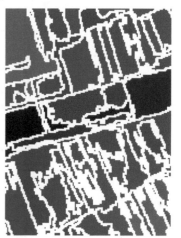

(b2) IHS ($Rh_S=27$, $Rh_R=15$, $R_{scale}=228$)

(c) QuickBird 原始影像 C

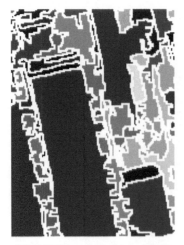
(c1) RGB(Rh_S=12, Rh_R=26, R_{scale}=124)

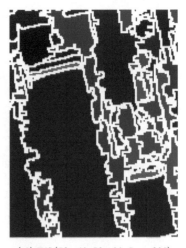
(c2) IHS(Rh_S=40, Rh_R=20, R_{scale}=205)

(d) QuickBird 原始影像 D

(d1) RGB(Rh_S=13, Rh_R=27, R_{scale}=122)

(d2) IHS(Rh_S=36, Rh_R=17, R_{scale}=209)

(e) QuickBird 原始影像 E

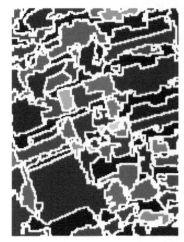 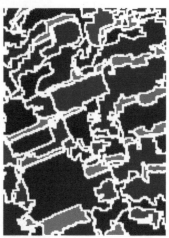

(e1)　RGB (Rh_S=13, Rh_R=21, R_{scale}=120)　　　　(e2) IHS (Rh_S=42, Rh_R=18, R_{scale}=219)

(f) QuickBird 原始影像 F

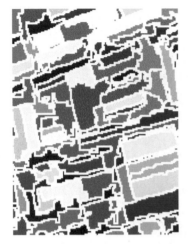
(f1) RGB(Rh_S=12, Rh_R=20, R_{scale}=128)

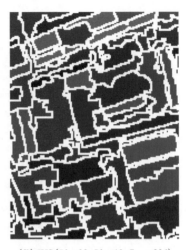
(f2) IHS(Rh_S=32, Rh_R=13, R_{scale}=236)

航空影像数据分割结果

(a) 航空原始影像 A

(a1) RGB(Rh_S=14, Rh_R=29, R_{scale}=125)

(a2) IHS(Rh_S=29, Rh_R=17, R_{scale}=221)

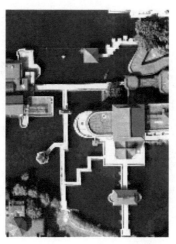

(b) 航空原始影像 B

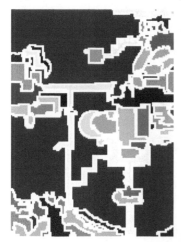 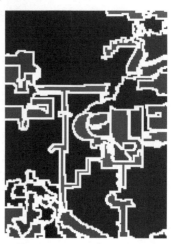

(b1) RGB (Rh_S=13, Rh_R=31, R_{scale}=123) (b2) IHS (Rh_S=23, Rh_R=16, R_{scale}=203)

(c) 航空原始影像 C

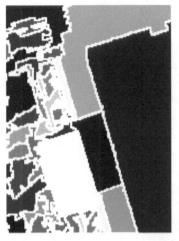
(c1) RGB($Rh_S=11$, $Rh_R=30$, $R_{scale}=134$)

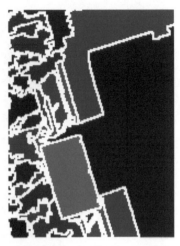
(c2) IHS($Rh_S=25$, $Rh_R=19$, $R_{scale}=226$)

(d) 航空原始影像 D

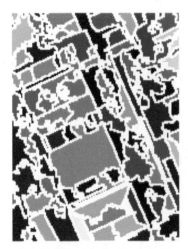
(d1) RGB($Rh_S=10$, $Rh_R=26$, $R_{scale}=154$)

(d2) IHS($Rh_S=23$, $Rh_R=17$, $R_{scale}=239$)

(e) 航空原始影像 E

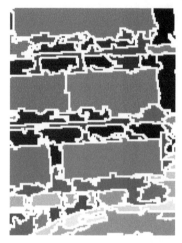

(e1) RGB(Rh_S=10, Rh_R=24, R_{scale}=151)

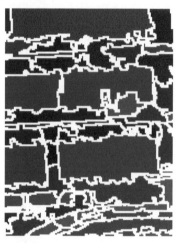

(e2) IHS(Rh_S=18, Rh_R=13, R_{scale}=281)

(f) 航空原始影像 F

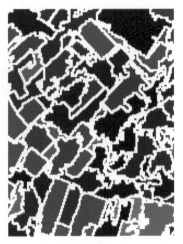

(f1) RGB(Rh_S=12, Rh_R=32, R_{scale}=134)　　　　(f2) IHS(Rh_S=24, Rh_R=22, R_{scale}=233)

图 3-20　基于 AICMS 算法分割结果的细部对比

(2) 与此同时，具有中小尺度特征的语义影像目标"高亮屋顶、低亮屋顶、砖红色屋顶、植绒钢板屋顶、分车绿化带、裸地"的分割效果也较好，分割得到的物理影像基元与地面语义影像目标的边界基本吻合。

(3) 具有更小尺度特征的"各色集装箱"区域中单个集装箱语义影像目标在整幅影像中所占区域面积很小，在大尺度语义影像目标取得较好分割结果的前提下，也取得了较为合理的分割结果，避免了欠分割现象的发生。

(4) 对于"树木"语义影像目标区域而言，其内部光谱异质性和纹理信息比较复杂，轮廓边缘较为曲折，在分割中形成了几何形状相对复杂的多个物理影像基元。

(5) 对于"道路"语义影像目标区域而言，其内部由于光谱异质性很高，要形成较为理想的语义影像目标分割结果，需进一步将对应区域的物理影像基元进行合并。

(6) 对于"路面汽车"语义影像目标，则出现了两种情况。尺寸较小的汽车作为"道路"语义影像目标区域内部的异质性被消除，而具有较大尺寸或连成一片的停车区域则在分割结果中给予了保留。

采用 IHS 色彩空间得到的分割结果整体略逊于 RGB 色彩空间，以下内容为采用该色彩空间执行 AICMS 算法所得分割结果的分析与结论。

(1) 虽然作为影像中尺度最大的语义影像目标(包括深色和浅色区域)的"湖水区域"存在欠分割现象，但对整体效果影响不大。"农田覆被区"和"农田未覆被区"，以及"草地"等语义影像目标存在轻微的过分割，需要进一步给予合并。

(2) "高亮屋顶、低亮屋顶、砖红色屋顶、植绒钢板屋顶、分车绿化带、裸地"的分割效果与基于 RGB 的分割结果基本相当。

(3) "各色集装箱"区域分割效果较好，与 RGB 中的分割效果相当，形成了与目标较为一致的物理影像基元。

(4) 对"树木"语义影像目标区域的分割存在与采用 RGB 色彩空间类似的情况。

(5)"道路"和"路面汽车"语义影像目标出现了一定程度的过分割现象,分割效果均不如采用 RGB 色彩空间得到的结果。

同样,在大尺度和小尺度语义影像目标共存的 GeoEye 影像[图 3-17(f)]中对草地、道路、房屋、飞机和机场跑道的分割效果也相对较好。

在中尺度语义影像目标居多的 GeoEye 影像[图 3-17(c)和图 3-17(d)]中,树木因其轮廓的非规则性,以及树冠内部的光谱异质性较高等原因,在分割中形成了几何形状相对复杂的多个物理影像基元,而其他地物语义影像目标的分割效果良好。

小尺度语义影像目标密布的 GeoEye 影像[图 3-17(b)和图 3-17(e)]的构图内容比较复杂,目标区域繁多,但从对应的分割结果来看却较为理想,达到了有效提取对应物理影像基元的要求。GeoEye 影像[图 3-17(b)]中,在居民地中建筑物极度密集的情况下,各种类型的屋顶通过分割均得到了与之对应的物理影像基元。同样,GeoEye 影像[图 3-17(e)]在建筑物和树木极度密集的情况下,算法对房屋和树木均给出了恰当的分割,但道路语义影像目标的分割效果不是很理想,树木及房屋遮挡是造成该问题的主要原因。

图 3-18 为运用 AICMS 算法分割 QuickBird 影像的结果,以下内容为采用 RGB 色彩空间执行该算法所得分割结果的分析与结论。

(1)大尺度语义影像目标"深色水体"的分割结果较为理想,中尺度语义影像目标"绿色水体、高亮屋顶、植绒钢板屋顶、阴影"的分割效果良好。

(2)语义影像目标"低亮水泥屋顶、砖红色屋顶"的分割效果良好。"道路"的分割效果一般,要将语义影像目标"道路"范围内异质性较高的物理影像基元合并成期望的结果,还需在识别与分类等后续工作中给予处理。"路面汽车和道路高亮区域"影响了语义影像目标"道路"的整体分割效果。

(3)语义影像目标 "树木(冠)"内部光谱纹理信息杂乱,分割效果一般,需将对应的物理影像基元进行合并。"裸地"语义影像目标内部光谱异质性较大,存在轻微的过分割现象,需给予合并。

采用 IHS 色彩空间得到的分割结果整体略逊于 RGB 色彩空间,以下内容为采用该色彩空间执行 AICMS 算法所得分割结果的分析与结论。

(1)"深色水体"的分割结果局部存在过分割现象,需给予合并。"绿色水体、高亮屋顶、植绒钢板屋顶、阴影"与 RGB 的分割效果基本相当。

(2)"低亮水泥屋顶、砖红色屋顶"的分割效果略逊于 RGB,存在轻微的过分割现象。

(3)"道路"的分割效果较为一般,"路面汽车和道路高亮区域"以噪声的形式影响了语义影像目标"道路"的整体分割效果。

(4)"树木(冠)"和"裸地"的分割效果一般,局部存在过分割现象,需给予合并。

此外,在大尺度和小尺度语义影像目标共存的 QuickBird 影像[图 3=18(d)]中,AICMS 算法在 RGB 和 IHS 对不同尺度地物目标均得到了较好的分割结果。

在中尺度语义影像目标居多的 QuickBird 影像[图 3-18(b)和图 3-18(c)]中,对"农田地块,屋顶,道路,水体"等语义影像目标的分割效果较好。尤其在 QuickBird 影像[图 3-18(c)]中的右下部,建筑物密集且边界过渡区复杂,AICMS 算法仍然给出了较为理想的分割结果。

在小尺度语义影像目标密布的 QuickBird 影像[图 3-18(e)和图 3-18(f)]中，AICMS 算法在 RGB 和 IHS 对不同尺度地物目标均得到了较好的分割结果。

图 3-19 为运用 AICMS 算法分割航空影像的结果，以下内容为采用 RGB 色彩空间执行该算法所得分割结果的分析与结论。

(1) 语义影像目标"水塘、植绒钢板屋顶、高亮水泥屋顶、水面浮萍区域、阴影"的分割结果较为理想，得到了与地物目标较为一致的物理影像基元。

(2) 对"农田"语义影像目标，农作物覆被较好的地块分割效果较好，当覆被稀疏时，地块内部光谱异质性急剧增大，分割结果受地块内裸露土壤的影响较为明显。

(3) "高亮水泥道路、暗红色地砖、低亮水泥屋顶"内部的光谱异质性较大，局部存在轻微的过分割现象，分割整体效果较为理想。

(4) 语义影像目标"树木、草地"内部光谱纹理信息杂乱，局部分割结果存在一定程度的过分割，需给予合并处理。

(5) "裸地"语义影像目标内部光谱异质性较大，局部存在轻微的过分割现象，需给予合并。

3. 实验结论

(1) AICMS 算法对高分影像(GeoEye、QuickBird 以及航空影像 3 种数据类型)取得了较好的分割结果，达到了从高空间分辨率遥感影像中有效提取物理影像基元的最终目标，实验验证了 AICMS 算法对高分影像的有效性与普适性。

(2) 分割得到的物理影像基元(或进一步合并)所形成的区域范围与实际语义影像目标基本一致，显示出较高的边界精确度和平滑度。算法所涉及的基于边缘信息的空域半径与尺度，以及基于光谱统计信息的值域半径等先验知识对算法的自适应改进达到了预期的效果。

(3) 实验验证了 AICMS 算法的自适应性；此外，算法可根据所给定的影像设计相应的分割参数方案，引导用户对分割结果进行期望值形式的定制。

3.6.5　AICMS 与 eCognition®多尺度分割算法对比分析

1. eCognition®多尺度分割算法简介

面向对象商业遥感软件 eCognition®(德国慕尼黑 Definiens 公司)的核心多尺度分割算法(简称 ECA,有关算法详细内容请参考文献[244])为该公司奠定了在面向对象遥感影像处理软件商业领域的领军地位。该分割算法将遥感影像分割成一系列的影像对象，通过计算和提取影像对象的模式特征，将分类方法应用于所获得的影像对象，继而实现基于影像对象单元的分类任务。

本节主要从分割算法自适应性和分割效果角度来比较 AICMS 与 ECA 算法。图 3-21 为进行 eCognition®多尺度分割时参数设置的对话框界面。ECA 分割方法的参数包括尺度(scale)，以及形状(shape)[包括紧凑度(compactness)和平滑度(smoothness)]。与形状对应的为光谱参数(在对话框中并没有表示)，图 3-21 中形状参数的权重为 0.2，那么光谱参数权重自动会被赋值为 0.8。由此可见，ECA 是一种形状与光谱集成的分割算法，影像对象生成时的同质性准则主要由上述形状(控制对象外形特征)及光谱(控制对象光谱异质性程度)参数来描述，并控制最终影像对象的生成效果。

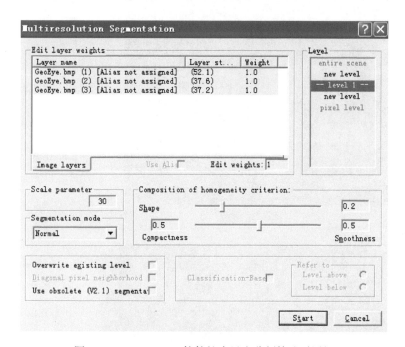

图 3-21　eCognition®软件的多尺度分割算法对话框

2. 分割实验数据和结果分析

采用 GeoEye、QuickBird 以及航空 3 种数据类型的高分影像进行分割对比实验，3 幅影像数据均为 1024×1024 像素(图 3-22)。

实验区内分布有房屋(包括高亮水泥、灰暗水泥、植绒钢板、红瓦与琉璃瓦等材质类型)、道路(包括沥青、水泥、暗红色地砖、路面汽车与路面分道线等材质类型)、停车场、农田、树木、水体、草地、裸地等地物类型；所选实验区地物语义目标类型较为全面，满足作为样本数据应该具备的代表性。

在 RGB 色彩空间中，运用 AICMS 算法，对这 3 种类型的高分遥感影像进行分割实验。3 幅影像仅进行了 3 次分割(算法自适应给出分割参数方案和结果，无需任何人工干预)，分割结果如图 3-23(a)~(c)所示。

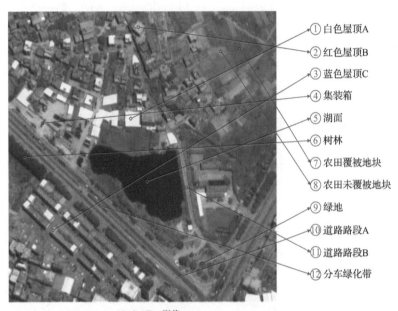

(a) GeoEye影像

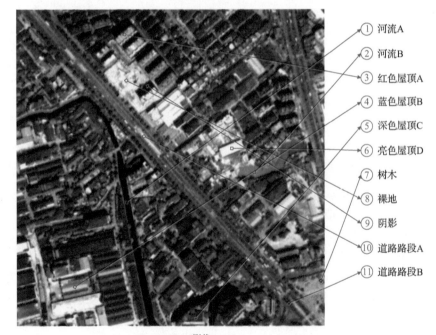

(b) QuickBird影像

第 3 章 高空间分辨率遥感影像多尺度分割

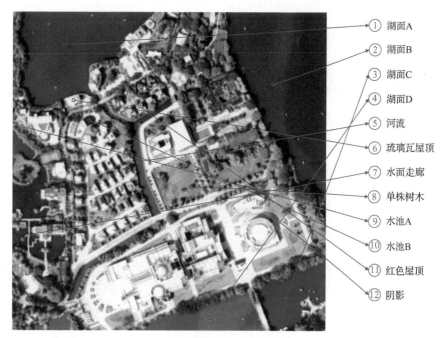

(c) 航空影像

① 湖面A
② 湖面B
③ 湖面C
④ 湖面D
⑤ 河流
⑥ 琉璃瓦屋顶
⑦ 水面走廊
⑧ 单株树木
⑨ 水池A
⑩ 水池B
⑪ 红色屋顶
⑫ 阴影

图 3-22 原始高分影像及语义影像目标

AICMS: (a) GeoEye(Rh_S=13, Rh_R=15, R_{scale}=120)

ECA: (a1) GeoEye(Sc=30, Sh=0.3, Co=0.5)　(a2) GeoEye(Sc=80, Sh=0.3, Co=0.5)　(a3) GeoEye(Sc=120, Sh=0.3, Co=0.5)

AICMS: (b) QuickBird(Rh_S=13, Rh_R=25, R_{scale}=120)

ECA: (b1) QuickBird(Sc=30, Sh=0.3, Co=0.5)　　(b2) QuickBird(Sc=80, Sh=0.3, Co=0.5)　　(b3) QuickBird(Sc=120, Sh=0.3, Co=0.5)

AICMS: (c) 航空(Rh_S=13, Rh_R=31, R_{scale}=123)

ECA: (c1) 航空(Sc=30, Sh=0.3, Co=0.5)　　(c2) 航空(Sc=80, Sh=0.3, Co=0.5)　　(c3) 航空(Sc=120, Sh=0.3, Co=0.5)

图 3-23　AICMS 和 ECA 算法分割结果比较

第3章　高空间分辨率遥感影像多尺度分割

为了获取ECA分割算法较好的分割结果，3幅影像共进行了3×40=120次分割(参数设置和调整的次数对于富有经验的操作员而言，尝试次数可能会降低，但工作中仍无法避免经验性的多次尝试)。实验参数设置规则为尺度参数(scale，Sc)取值范围为30~120，采样间距以10为单位。每一个尺度参数(scale)对应的形状参数(shape，Sh)取值范围为0.2~0.5，采样间距以0.1为单位[紧凑度(compactness，Co)和平滑度(smoothness)均取0.5]。本书从GeoEye、QuickBird，以及航空高分影像对应的120个分割结果中按照尺度从小到大规则选出3×3=9幅代表性的分割结果进行说明，如图3-23(a1)~图3-23(c1)，图3-23(a2)~图3-23(c2)，图3-23(a3)~图3-23(c3)所示。

对比分析从每幅影像所进行的分割次数，以及影像中代表性语义影像目标的分割效果两个角度来进行。

首先，AICMS和ECA算法对每幅高分影像的分割次数相差十分悬殊。AICMS算法仅进行了1次分割，显示出算法自适应性的优越。此外，操作人员可依据AICMS分割结果和对应参数方案对分割结果进行动态调整，达到预期效果，避免参数设置规律的盲目性尝试。为了获取ECA算法较好的分割结果，每幅影像进行了40次分割。ECA算法的参数设置规律比较灵活，对不同数据类型或范围的高分遥感影像，一般均需经过多次尝试才能确定理想的参数方案。

其次，分割效果评价通过比较影像分割得到的物理影像基元与所对应语义影像目标间的匹配程度来进行。本书重点不在分割评价方法方面的研究，在此仅借助目视评价手段对分割效果展开研究。图3-22中分别对3种数据类型高分影像中的代表性语义影像目标进行了标注，通过对这些语义影像目标分割结果进行对比分析来评价这两种算法分割效果的优劣。

(1)对图3-22(a)GeoEye影像的AICMS和ECA分割结果中，重点对比1~12号代表性地物语义影像目标的分割效果。

"1号白色屋顶A"语义影像目标的几何形状特征比较简单(呈长方形)，光谱特征同质性程度较高(呈白色高亮特征)。图3-23(a)和图3-23(a1)~图3-23(a3)表明，两种算法的分割效果基本相当，分割均得到了唯一的物理影像基元，且该基元与相应语义影像目标间的匹配程度较高。"3号蓝色屋顶C"与"1号白色屋顶A"分割效果相似。

"2号红色屋顶B"语义影像目标的轮廓呈长方形，在目标左端有一深色细长条状缺口，光谱特征同质性程度较高(呈亮红色特征)。图3-23(a)和图3-23(a1)表明，AICMS和ECA对深色长条状缺口均给出了较为相似的分割结果。受深色条状缺口的影响，AICMS和ECA将"2号红色屋顶B"语义影像目标分割为两个物理影像基元。图3-23(a2)和图3-23(a3)中，ECA将"2号红色屋顶B"分割为一个物理影像基元的同时，不恰当地将深色条状缺口与邻接物理影像基元进行了合并。

"4号集装箱"语义影像目标的轮廓呈长方形，为光谱特征同质性程度较高的小尺度目标区域。"5号湖面"语义影像目标为面积相对较大的大尺度目标区域，区域中的湖面船只可视为干扰信息。图3-23(a)和图3-23(a1)中，"4号集装箱"和"5号湖面"小尺度与大尺度语义影像目标共存时的分割结果表明，AICMS和ECA均得到了与"集装箱"语义影像目标完全匹配的唯一物理影像基元；但在图3-23(a1)ECA的分割结果中，"湖面"语义影像目标却出现了较为严重的过分割现象，与之对应的物理影像基元有 20 多个。随着尺度参数 shape 的增大，在图 3-23(a2)和图 3-23(a3)中，"湖面"语义影像目标的分割效果逐步得到改善，却不恰当地将"集装箱"语义影像目标对应的物理影像基元与邻接物理影像基元进行了合并。由此可见，AICMS 对小尺度和大尺度语义影像目标共存高分影像分割时的适应性较 ECA 更具有优势。对 ECA 而言，尺度参数 shape 调整将给操作员带来很大挑战。

"6 号树林"语义影像目标内部的几何纹理特征和轮廓外形均比较复杂，光谱特征同质性程度较低，给分割工作带来较大难度。图 3-23(a)和图 3-23(a1)表明，两种算法的分割效果基本相当，并未得到较为理想的物理影像基元，需通过合并该语义影像目标区域内部的物理影像基元来消除过分割现象。在图 3-23(a2)和图 3-23(a3)中"6 号树林"语义影像目标的分割效果较好，形成了与"6 号树林"基本匹配的物理影像基元。

"7 号农田覆被地块"语义影像目标是由农作物覆被地块邻接而成的面积较大的区域，区域内部田间小路等几何细节因素对分割干扰较大，农作物覆被疏密差异导致区域内光谱异质性较高。图 3-23(a)和图 3-23(a1)表明，AICMS 和 ECA 的分割结果差异较大，ECA 存在较为严重的过分割现象，而 AICMS 却得到了与 "7 号农田覆被区"语义影像目标较为匹配的物理影像基元。在图 3-23(a2)和图 3-23(a3)中"7 号农田覆被区"语义影像目标的 ECA 分割效果要优于图 3-23(a1)，但明显受到田间小路等几何细节干扰，仍未能恰当地将部分地块进行合并，此外在该区域的右上角与"农田未覆被区"产生了误合并。

"8 号农田未覆被地块"语义影像目标轮廓下半部分为矩形，上半部分大致呈斜梯形，与左侧地块间有一条亮色边缘线。该语义影像目标总体呈浅灰色，受目标内部杂草等植物覆被影响区域，内光谱异质性较高。图 3-23(a)和图 3-23(a1)表明，AICMS 和 ECA 的分割结果基本相当，均获得了较为理想的物理影像基元。在图 3-22(a2)和图 3-22(a3)中"8 号农田未覆被地块"语义影像目标与左侧地块产生了合并，而该合并是否合理将取决于当前兴趣语义影像目标的尺度层次。

"9 号绿地"语义影像目标为绿化地块中具有扇形轮廓外形的苗圃区域，总体呈深绿色，光谱同质性较高。图 3-23(a)和图 3-22(a1)表明，AICMS 和 ECA 的分割结果基本相当，均获取了较为理想的物理影像基元。在图 3-23(a2)和图 3-23(a3)中"9 号绿地"语义影像目标与邻接苗圃、绿地，甚至与树木产生了不同程度的误合并。

"10 号道路路段 A"语义影像目标为具有狭长轮廓外形的区域，总体呈灰黑色，路面干扰信息较多(如路面汽车)，路段内光谱异质性较高(色彩信息差异较大)，给分割工作带来较大难度。图 3-23(a)和图 3-23(a2)表明，AICMS 和 ECA 的道路分割效果基本相当，均存在部分尚未合并的物理影像基元。图 3-23(a2)过分割现象比较严重，同一路段的部分物理影像基元并未进行有效合并；图 3-23(a3)给出了相对较好的分割结果。

"11 号道路路段 B"语义影像目标为具有狭长轮廓外形的区域，总体呈灰白色，路面干扰信息较少，光谱同质性较高。图 3-23(a)和图 3-23(a1)表明，AICMS 的分割效果优于 ECA，但仍存在部分尚未合并的物理影像基元。在图 3-23(a2)和图 3-23(a3)中 ECA 均给出了较好的分割结果。

"12 号分车绿化带"语义影像目标为两条道路相夹的较小狭长区域，总体呈深绿色

(覆被稀疏区为浅绿色)。人为踩踏等原因导致该区域内存在部分灰色裸露路面,从而隔断了部分分车绿化带。图3-23(a)和图3-23(a1)~图3-23(a3)表明,AICMS和ECA均取得了较好的分割效果。AICMS并未将被踩踏路面隔断的分车绿化带物理影像基元进行合并,而图3-23(a2)和图3-23(a3)中随着尺度参数的增大,被踩踏路面隔断的部分分车绿化带被给予了合并。

(2) 对图3-22(b)QuickBird影像的AICMS和ECA分割结果中,重点对比1~11号代表性地物语义影像目标的分割效果。

"1号河流A"语义影像目标具有狭长的轮廓外形,总体呈深黑色,区域内光谱同质性较高。图3-23(b)和图3-23(b3)表明,AICMS和ECA均取得了与语义影像目标匹配较好的物理影像基元。在图3-23(b1)中"1号河流A"语义影像目标出现了较为严重的过分割现象,与之对应的物理影像基元有10多个,随着尺度参数shape的增大,分割效果逐步得到改善。

"2号河流B"语义影像目标具有不规则的轮廓外形,目标区域左侧大部分区域呈亮绿色,右侧较小区域呈深绿色。图3-23(b)表明,AICMS取得了与语义影像目标较为匹配的物理影像基元。图3-23(b1)~图3-23(b3)中,将"2号河流B"语义影像目标分别分割为5个、2个及2个物理影像基元,同时在色彩变化较大区域形成了不确定性归属的物理影像基元。

"3号红色屋顶A"语义影像目标的轮廓大致呈长方形,受房顶附属设施(主要呈亮白色、灰色)及阴影等几何细节信息干扰,目标区域内光谱异质性较高。图3-23(b)和图3-23(b1)~图3-23(b3)表明,AICMS和ECA的分割结果均不理想,目标区域均存在不同程度的过分割现象。

"4号蓝色屋顶B"语义影像目标的轮廓呈长方形,受光照角度影响,屋脊线上方区域呈深蓝色,下方呈亮蓝色。图3-23(b)和图3-23(b2)与图3-23(b3)表明,AICMS和ECA的分割结果基本相当,"4号蓝色屋顶B"以屋脊线为界被分割为上下两个物理影像基元。图3-23(b3)当尺度参数从30调整至120时仍未得到较为匹配的物理影像基元,分割效果不太理想。图3-23(b1)存在过分割现象,需给予合并。

"5号深色屋顶C"语义影像目标的轮廓呈长方形,总体呈深灰色,目标区域内光谱同质性较高。图3-23(b)和图3-23(b2)与图3-23(b3)表明,AICMS和ECA均取得了与语义影像目标匹配较好的物理影像基元。图3-23(b1)存在过分割现象,需给予合并。

"6号亮色屋顶D"与"5号深色屋顶C"情况相似。

"7号树木"语义影像目标呈深绿色,树冠内光谱异质性较高。"7号树木"语义影像目标是单株树木,可视为小尺度地物语义目标的代表。图3-23(b)和图3-23(b1)表明,AICMS和ECA均取得了与语义影像目标匹配较好的物理影像基元。图3-23(b2)和图3-23(b3)中ECA的欠分割现象比较严重,未能获取与之对应的理影像基元。图3-23(b3)中"2号河流B",以及"4号蓝色屋顶B"等分割结果表明,ECA对大尺度和小尺度语义影像目标共存情况下的分割结果不如AICMS理想。

"8号裸地"语义影像目标为施工工地,部分裸露地块呈土黄色。工地内有工棚、吊车、建筑材料及阴影等地物细节,目标区域内光谱异质性较高。图3-23(b)和图3-23(b1)~

图 3-15(b3)表明，AICMS 和 ECA 的分割结果均不够理想，存在不同程度的过分割现象，地物细节对整体分割效果产生了较大影响。例如，在图 3-23(b)和图 3-23(b1)中，当通过合并物理影像基元构造"8 号裸地"语义影像目标(所对应的物理影像基元)时，"工棚"便以干扰信息出现，影响"8 号裸地"的整体分割效果。

"9 号阴影"语义影像目标轮廓呈长方形，总体呈浅黑至深黑色，目标区域内光谱异质性较高。图 3-23(b1)和图 3-23(b2)中 ECA 在浅黑色局部区域出现过分割现象，图 3-23(b)和图 3-23(b3)中 AICMS 和 ECA 均取得了较好的分割结果，获得了与"9 号阴影"语义影像目标匹配程度较高的物理影像基元。

"10 号道路路段 A"语义影像目标位于分车绿化带之间，呈高亮特征，目标区域内光谱异质性较高。图 3-23(b)和图 3-23(b2)表明，AICMS 和 ECA 的分割结果基本相当。图 3-23(b1)中 ECA 出现过分割现象，需给予合并。图 3-23(b3)中 ECA 取得了与"10 号道路路段 A"语义影像目标较为匹配的物理影像基元。

"11 号道路路段 B"语义影像目标是以白色斑马线为界的三岔路口区域，目标区域内光谱异质性较高。图 3-23(b)和图 3-23(b2)表明，AICMS 的分割结果优于 ECA。在该区域右侧两主车道相夹的亮灰色路面区域，AICMS 和 ECA 均出现过分割现象，需给予合并。图 3-23(b1)中出现了较为严重的过分割现象，而图 3-23(b3)中的欠分割现象较为显著。

(3)对图 3-22(c)航空影像的 AICMS 和 ECA 分割结果中，重点对比 1~12 号代表性地物语义影像目标的分割效果。

"1~4 号湖面 A~D"语义影像目标均为大尺度目标区域，湖水颜色深浅变化及湖面船只为影响分割效果的主要干扰因素。图 3-23(c)表明，AICMS 取得了与"1~4 号湖面 A~D"语义影像目标较为匹配的物理影像基元，湖面船只被合并到湖面内。图 3-22(c1)~图 3-22(c3)表明，ECA 随着分割尺度参数的增大(即使当尺度参数增大到 120 时)，过分割现象未被消除，湖面船只未被合并到湖面内。分割结果表明，AICMS 取得了较 ECA 更好的分割结果，对湖水颜色深浅变化及湖面船只等干扰因素的适应能力优于 ECA。

"5 号河流"语义影像目标具有狭长"丫"字形轮廓，总体呈墨绿色，区域内光谱同质性较高。河岸树木的阴影将"5 号河流"语义影像目标分隔为两个区域。图 3-23(c)表明，AICMS 取得了与"5 号河流"语义影像目标较为匹配的物理影像基元，"丫"字形中部的树木阴影被分割为相应的物理影像基元。在图 3-23(c1)中，ECA 出现了较为严重的过分割现象。随着尺度参数的增大，图 3-23(c2)中以"丫"字形河流中部树木阴影为界，右半部分河流语义影像目标取得了较好的分割结果，但左半部分河流与河岸树木被误合并为同一个物理影像基元。图 3-23(c3)同样存在图 3-23(c2)中的问题，并进一步将树木阴影、树木和左半部分河流区域误合并为同一物理影像基元。

"6 号琉璃瓦屋顶"语义影像目标为具有明显屋脊线特征的长方形轮廓区域，总体呈亮黄色，区域内光谱同质性较高。图 3-23(c1)和图 3-23(c)表明，ECA 与 AICMS 的分割结果基本相当，受屋脊线几何细节信息影响，目标区域被分割为多个物理影像基元。图 3-23(c2)和图 3-23(c3)表明，随着 ECA 分割尺度参数的增大，得到了与"6 号琉璃瓦屋顶"语义影像目标较为匹配的物理影像基元。"5 号河流"与"6 号琉璃瓦屋顶"语义影像目标的分割结果表明,在尺度参数增大的同时,使得物理影像基元进行有效合并将是 ECA 的主要挑战。

"7 号水面走廊"语义影像目标轮廓呈细长条状,总体呈亮灰白色,区域内光谱同质性较高。图 3-23(c1)表明,ECA 出现了较为严重的过分割现象。图 3-23(c)和图 3-23(c2)表明,AICMS 和 ECA 的分割结果基本相当,ECA 出现了细微的过分割现象,AICMS 误将水亭与水面合并。图 3-23(c3)中 ECA 出现了较为严重的欠分割现象,将水亭与水面,以及水面走廊与河岸小路误合并为同一物理影像基元。

"8 号单株树木"为小尺度语义影像目标,总体呈深绿色,区域内光谱异质性较高。图 3-23(c)和图 3-23(c2)表明,AICMS 和 ECA 的分割结果基本相当,树冠和对应的阴影 ECA 均得到了较好的分割结果。图 3-23(c2)和图 3-23(c3)表明,随着 ECA 尺度参数的增大,"8 号单株树木"与邻接草地被误合并为同一物理影像基元。

"9 号水池 A"语义影像目标为呈 "8"字轮廓外形的游泳池目标区域,总体呈浅蓝色,池中有白色浮漂隔离栏,池面左侧被树木及其阴影遮挡。除阴影遮挡的游泳池水面被分割为相应的物理影像基元外,在图 3-23(c1)中,"9 号水池 A"语义影像目标被分割为 3 个物理影像基元,AICMS 给出了两个物理影像基元的分割结果。图 3-23(c2)和图 3-23(c3)表明,随着 ECA 尺度参数的增大,图 3-23(c1)中的多个物理影像基元均被合并为同一个物理影像基元,与此同时,被阴影遮挡的游泳池水面与邻接树木区域(甚至游泳池与周边的水泥路面)却被误合并为同一物理影像基元。分割结果表明,AICMS 取得了较 ECA 更好的分割结果。

"10 号水池 B"语义影像目标为呈椭圆轮廓外形的游泳池目标区域,总体呈墨绿色,区域内光谱同质性较高。图 3-23(c1)中 ECA 出现过分割现象,需给予合并。图 3-23(c)和图 3-23(c2)与图 3-23(c3)表明,AICMS 和 ECA 的分割结果基本相当,获得了与"10 号水池 B"语义影像目标较为匹配的物理影像基元。

"11 号红色屋顶"语义影像目标轮廓呈长方形,总体呈砖红色,区域内有亮白色点状干扰,右下角有突出附属建筑,附属建筑右侧有小片阴影区域。图 3-23(c1)表明,ECA 将长方形屋顶及阴影区域分割为单独的物理影像基元,将附属建筑与右侧邻接院落对应的物理影像基元进行了合并。图 3-23(c)表明,长方形屋顶、小片阴影区域、附属建筑及右侧邻接院落对应的物理影像基元均被合并为同一物理影像基元。图 3-23(c2)和图 3-23(c3)中出现了较为严重的欠分割现象,屋顶与邻接院落被合并为同一物理影像基元。

"12 号阴影"语义影像目标为对应于西湖公园林则徐雕像东侧圆顶建筑物的阴影区域。该阴影区域内的地物主要有水泥路面、草地、苗圃、附属建筑等,区域内光谱异质性非常高。图 3-23(c)和图 3-23(c1)表明,AICMS 和 ECA 的分割结果基本相当,阴影区域内的地物语义目标均被分割为对应的物理影像基元,通过分割并未获取"12 号阴影"语义影像目标所对应的阴影物理影像基元。图 3-23(c2)和图 3-23(c3)表明,随着 ECA 尺度参数的增大,图 3-23(c1)中的多个物理影像基元均被合并为同一个阴影物理影像基元,阴影覆盖区内部的地物语义影像目标均被屏蔽在该阴影物理影像基元内部。

3. 实验结论

综上所述，通过 ECA 与 AICMS 对 GeoEye、QuickBird 及航空高分影像数据的分割实验，基于对高分影像中多个语义影像目标对应物理影像基元分割结果的对比分析，得出以下结论。

(1) AICMS 的自适应性可避免 ECA 分割参数设置中的盲目性尝试问题，较大地提高了工作效率。

(2) AICMS 对高分影像中大尺度和小尺度语义影像目标共存时分割结果的准确性较 ECA 更具有优势；对 ECA 而言，尺度参数(scale)如何调整给操作员带来很大挑战，并很难保证随着尺度参数的增大，小尺度语义影像目标不被误合并。

(3) 在目视定性评价的基础上，定量分割评价方法有待引入。

参 考 文 献

[1] 宫鹏，黎夏，徐冰. 高分辨率影像解译理论与应用方法中的一些研究问题. 遥感学报，2006, 10(1): 1-5.

[2] 张永生，巩丹超，刘军，等. 高分辨率遥感卫星应用：成像模型、处理算法及应用技术. 北京：科学出版社，2004.

[3] Lobo A, Chic O, Casterad A. Classification of mediterranean crops with multisensor data: per-pixel versus per-object statistics and image segmentation. International Journal of Remote Sensing, 1996, 17(12):2358-2400.

[4] Baatz M, Schäpe A. Multiresolution segmentation an optimization approach for high quality multi-scale image segmentation. //Strobl J, Blaschke T, Griesebner G, et al. (Hrsg.): Angewandte Geographische Informationsverarbeitung XII.Karlsruhe: Herbert Wichmann Verlag, 2000:12–23.

[5] Blaschke T, Lang S, Lorup E, et al. Object-oriented image processing in an integrated GIS/remote sensing environment and perspectives for environmental applications. Environmental Information for Planning, 2000,2:555-570.

[6] Blaschke T, Strobl J. What's wrong with pixels? Some recent developments interfacing remote sensing and GIS. GeoBIT/GIS,2001:12-17.

[7] Benz U C, Hofmann P, Willhauck G,et al.Multi-resolution, object-oriented fuzzy analysis of remote sensing data for GIS-ready information. ISPRS Journal of Photogrammetry & Remote Sensing, 2004, 58(3-4):239–258.

[8] Zhang Y J. Image Segmentation .Beijing: Science Press, 2000.

[9] Fu K S, Mui J K. A survey on image segmentation. Pattern Recognition, 1981, 13(1):3-16.

[10] Pal N R, Pal S K. A review on image segmentation Pattern Recognition, 1993, 26(7):58.

[11] Skarbek W, Koschan A. Colour Image Segmentation—A Survey. Hw3.arz.oeaw.ac.at,2001.

[12] 罗希平，田捷，诸葛婴，等. 图像分割方法综述. 模式识别与人工智能，1999,12(3):300-312.

[13] Wang A M, Shen L S. Study Surveys on Image Segmentation. Measure and Control Technology, 2000, 19(5):1-6.

[14] Cheng H D, Jiang X H, Sun Y, et al. Color image segmentation: advances and prospects. Pattern Recognition, 2001, 34(12):2259-2281.

[15] 林瑶，田捷. 医学图像分割方法综述. 模式识别与人工智能，2002,15(2):192-204.

[16] 林开颜，吴军，徐立鸿. 彩色图像分割方法综述. 中国图像图形学报，2005, 10(1):1-10.

[17] Zhang Y J. Advances in Image and Video Segmentation: An Overview of Image and Video Segmentation in the Last 40 Years. Advances in Image & Video Segmentation, 2006.

[18] 陈秋晓. 高分辨率遥感影像分割方法研究. 北京：中国科学院地理科学与资源研究所博士学位论文，2004.

[19] Sahoo P K, Soltani S, Wong A K C. A survey of thresholding techniques. Computer Vision, Graphics, and Image Processing, 1988, 41(2):233-260.

[20] Le S U, Chung S Y, Park R H. A comparative performance study of several global thresholding techniques for segmentation.

Graph. Models Image Process, 1990, 52(2):171-190.

[21] Glasbey C A. An analysis of histogram-based thresholding algorithms. Graph. Models Image Process, 1993, 55(6):532-537.

[22] Sezgin M, Sankur B. Survey over image thresholding techniques and quantitative performance evaluation. Journal of Electronic Imaging, 2004, 13(1):146–165.

[23] Bonsiepen L, Coy W. Stable segmentation using color information.//Klette R. Computer Analysis of Images and Patterns. Dresden: Proc.of CAIP'91,1991:77-84.

[24] Ohlander R, Price K, Reddy D R. Picture segmentation using a recursive region splitting method. Computer Graphics and Image Processing, 1978, 8(3):313-333.

[25] Ohta Y I, Kanade T, Sakai T.Color information for region segmentation. Computer Graphics and Image Processing, 1980, 13(3):222-241.

[26] Lin X, Chen S. Color Image Segmentation Using Modified HIS System for Road Following. Sacramento, California: Proc. IEEE Conf. on Robotics and Automation, 1991.

[27] Tominaga S.Color Image Segmentation Using Three Perceptual Attributes. Florida: Proc. CVPR'86, Miami Beach, 1986.

[28] Tominaga S. A Color Classification Method for Color Images Using A Uniform Color Space. New Jersey: Proc. 10th. Int. Conf.on Pattern Recognition, vol.I, 1990.

[29] Park S H, Yun I D, Lee S U. Color Image Segmentation based on 3-D clustering: Morphological approach. Pattern Recognition, 1998, 31(8):1061-1076.

[30] Kehtarnavaz N, Monaco J, Nimtschek J, et al.Color Image Segmentation Using Multi-Scale Clustering.IEEE Southwest Symposium on Image Analysis and Interpretation,1998:142 - 147.

[31] Geraud T, Strub P Y, Darbon J. Color Image Segmentation Based on Automatic Morphological Clustering.Image Processing, Proceedings. International Conference on7-10 Oct.2001.International Conference on Image Processing,2001.

[32] Ye Q X, Gao W, Zeng W. Color Image Segmentation Using Density-Based Clustering. Multimedia and Expo.ICME '03. Proceedings. International Conference on 6-9 July 2003.

[33] Cinque L, Foresti G, Lombardi L. A clustering fuzzy approach for image segmentation .Pattern Recognition, 2004, 37(9): 1797-1807.

[34] 林开颜, 徐立鸿, 吴军辉. 快速模糊C均值聚类彩色图像分割方法. 中国图象图形学报, 2004, 9(2):159-163.

[35] Xia Y, Feng D, Wang T J, et al. Image segmentation by clustering of spatial patterns. Pattern Recognition, 2007, 28(12): 1548-1555.

[36] 黄利文, 毛政元, 李二振, 等. 基于几何概率的聚类分析方法及其在遥感影像分类中的应用. 中国图象图形学报, 2007, 12(4): 633-640.

[37] 陈秋晓. 改进的 RPCCL 聚类方法及在遥感影像分割中的应用. 计算机工程与应用,2005,34(34):221-223.

[38] 毛政元, 李霖. 空间模式的测度及其应用. 北京:科学出版社, 2004.

[39] 求是科技. Visual C++数字图像处理典型算法及实现. 北京:人民邮电出版社，2006.

[40] Hueckel M H. An operator which locates edges in digitized pictures. J. Assoc. Comput.Mach., 1971, 18(1):113-125.

[41] Canny J. A computational approach to edge detection. IEEE Trans.Pattern Anal.Mach.Intell. PAMI8 1986, (6):679-698.

[42] Morris O, Lee M, Constantinides A.A unified method for segmentation and edge detection using graph theory.Acoustics, Speech, and Signal Processing, IEEE International Conference on ICASSP'86.1986,11 : 2051-2054.

[43] Allen J T, Huntsberger T. Comparing color edge detection and segmentation methods. Southeastcon '89. Proceedings. 'Energy and Information Technologies in the Southeast'. IEEE,1989,2(9-12):722-728.

[44] Chapron M. A New Chromatic Edge Detector Used for Color Image Segmentation. IAPR:IEEE International Conference on Pattern Recognition, 1992.

[45] Trahanias P E, Venetsanopoulos A N. Color edge detection using vector order statistics. IEEE Trans. Image Proc., 1993, 2(2):259-265.

[46] Carron T, Lambert P. Color edge detector using jointly hue, saturation and intensity. IEEE International Conference on Image

Processing, Austin, USA, 1994: 977-1081.

[47] Carron T, Lambert P. Fuzzy color edge extraction by inference rules quantitative study and evaluation of performances. International Conference on Image Processing, 1995:181-184.

[48] Koschan A. A Comparative Study On Color Edge Detection. Singapore: Reprint from Proceedings 2nd Asian Conference on Computer Vision ACCV′95, 1995.

[49] Tsang P W M, Tsang W H. Edge detection on object color. IEEE International Conference on Image Processing, 1996: 1049-1052.

[50] Macaire L, Ultre V, Postaire J G. Determination of compatibility coefficients for color edge detection by relaxation. International Conference on Image Processing, 1996: 1045-1048.

[51] Androutsos P, Androutsos D, Plataniotis KN,et al. Color edge detectors: an overview and comparison. Electrical and Computer Engineering, 1997. IEEE 1997 Canadian Conference on Volume 2, 25-28, May 1997 Page(s):607-610.

[52] Russo F. Edge detection in noisy images using fuzzy reasoning. Instrumentation and Measurement,1998,47(5):1102-1105.

[53] Ruzon M A, Tomasi C. Color edge detection with the compass operator. Computer Vision and Pattern Recognition, 1999. IEEE Computer Society Conference 1999,2(2):23-25.

[54] Anwander A, Neyran B, Baskurt A. Multiscale color gradient for image segmentation. Knowledge-Based Intelligent Engineering Systems and Allied Technologies, 2000. Proceedings. Fourth International Conference , 2000:369–372.

[55] 吴乐，茂舒宁. Marr方法在多波段遥感影像边缘信息分析中的应用. 武汉大学学报·信息科学版，2001，26(1)：34-39.

[56] Meer P, Georgescu B. Edge detection with embedded confidence. Pattern Analysis and Machine Intelligence, 2001, 23(12):1351-1365.

[57] Peschke M, Menzel W. Investigation of boundary algorithms for multiresolution analysis. Microwave Theory and Techniques, 2003, 51(4):1262-1268.

[58] Koschan A, Abidi M. Detection and classification of edges in color images. Signal Processing Magazine, 2005, 22(1):64-73.

[59] Hsiao Y T, Chuang C L, Jiang J A, et al. A contour based image segmentation algorithm using morphological edge detection.Systems, Man and Cybernetics, 2005 IEEE International Conference,2005,3(11-12):2962-2967.

[60] Nevada. A color edge detector and its use in scene segmentation. IEEE Trans. System Man Cybernet,1977, SMC-7 (11):820-826.

[61] Trahanias P E, Venetsanopoulos A N. Vector order statistics operators as color edge detectors. IEEE Trans. Systems Man Cybernet,1996, 26(1):135-143.

[62] 梅天灿，李德仁，秦前清. 基于直线和区域特征的遥感影像线状目标检测. 武汉大学学报·信息科学版,2005，30(8)：689-693.

[63] 刘永学，李满春. 基于边缘的多光谱遥感图像分割方法. 遥感学报，2006，10(3):350-356.

[64] Ji R S, Kong B, Zheng F, et al. Color edge detection based on YUV space and minimal spanning tree. Information Acquisition, 2006 IEEE International Conference,2006: 941–945.

[65] Bellon O R P, Silva L. New improvements to range image segmentation by edge detection.Signal Processing Letters, IEEE, 2002, 9(2):43-45.

[66] Hou Z J, Wei G W. A new approach to edge detection. Pattern Recognition, 2002, 35(7):1559–1570.

[67] Wei Y K, Badawy W. A new moving object contour detection approach Computer Architectures for Machine Perception, 2003 IEEE International Workshop, 2003:6 .

[68] Lian Y S, Bu J J, Chen C. A novel image segmentation algorithm based on convex polygon edge detection. TENCON 2004. 2004 IEEE Region 10 Conference, 2004, :108-111.

[69] Kang C C, Wang W J.A novel edge detection method based on the maximizing objective function. Pattern Recognition,2007，40：609-618.

[70] Sun G Y, Liu Q H, Liu Q, et al. A novel approach for edge detection based on the theory of universal gravity. Pattern Recognition, 2007, 40:2766-2775.

[71] Cheng H D, Sun Y. A hierarchical approach to color image segmentation using homogeneity. IEEE Trans. Image Process, 2001, 9(12):2071-2082.

[72] Espindola G M, Camara G, et al. Parameter selection for region-growing image segmentation algorithms using spatial autocorrelation. International Journal of Remote Sensing, 2006, 27(14):3035–3040.

[73] Prathap N, Andrea C. Region segmentation and feature point extraction on 3D faces using a point distribution model. Image, 2007, 3: 385-388.

[74] Tremeau A, Borel N. A region growing and merging algorithm to color segmentation. Pattern Recognition, 1997, 30(7): 1191-1203.

[75] Ikonomakis N, Pataniotis K N, Venetsanopoulos A N. Unsupervised seed determination for a region-based color image segmentation scheme. Image Processing, Proceedings. 2000 International Conference, 2000, 1(10-13):537-540.

[76] Salih Q A, Ramli A R.Region based segmentation technique and algorithms for 3D image.Signal Processing and its Applications, Sixth International, Symposium on 13-16, 2001, 2:747-748.

[77] Li Y M, Lu D M, Lu X Q, et al. Interactive color image segmentation by region growing combined with image enhancement based on Bezier model. Image and Graphics, 2004. Proceedings. Third International Conference on.18-20 Dec. 2004:96-99.

[78] Li W W, Huang H X, Zhang D B,et al. A color image segmentation method based on automatic seeded region growing automation and logistics . 2007 IEEE International Conference, 2007,149(Supplement S2):1925-1929.

[79] Meyer F, Beucher S. Morphology segmentation. J. Visual Comm. and Image Representation, 1990, 1(1):21-46.

[80] Vincent L, Soille P.Watershed in digital spaces:an efficient algorithm based on immersion simulations. IEEE Trans. Patt. Anal. And Mach. Int , 1991,13(6):583-598.

[81] Saarinen K. Color image segmentation by a watershed algorithm and region adjacency graph processing. Image , 1994, 3(13-16):1021-1025.

[82] Saarinen K. Watersheds in color image segmentation. IEEE Workshop on Nonlinear Signal and Image Processing, Neos Marmaras Haldikiki, Greece,1995:14-17.

[83] Shafarenko L, Petrou M, Kittler J. Automatic watershed segmentation of randomly textured color images. IEEE Trans. Image Processing, 1997, 6(11):1530-1544.

[84] Wright A S, Acton S T. Watershed pyramids for edge detection. Image, 1997, 2 (26-29):578-581.

[85] Wang D. A multi-scale gradient algorithm for image segmentation using watersheds. Pattern Recognition, 1997, 30(12): 2043-2052.

[86] Gauch J M. Image segmentation and analysis via multiscale gradient watershed hierarchies. IEEE Transactions on Image Processing, 1999, 8(1):69-79.

[87] De Smet P, Pires R L. Implementation and analysis of an optimized rain falling watershed algorithm. Proc. SPIE, 2000, 2:1116-1117.

[88] Rajapakse J C. Emerging region segmentation. Control,2002, 3(2-5):1706-1709.

[89] Yen S, Tai A, Wang C.Segmentation on color images based on watershed algorithm.Proceedings of the 10th International Multimedia Modeling Conference（MMM'04）, 2004 :227-232.

[90] Yen S H, Tai A C, Wang C J. Segmentation on color images based on watershed algorithm.Multimedia Modelling Conference, 2004.Proceedings.10th International 5-7 Jan.2004:227-232.

[91] Sun H, Yang J Y, Ren M W. A fast watershed algorithm based on chain code and its application in image segmentation.Pattern Recognition Letters,2005, 26(9):1266-1274.

[92] Hernandez S E, Barner K E, Yuan Y. Region merging using homogeneity and edge integrity for watershed-based image segmentation. Optical Engineering, 2005,44(1):017004-017004-14.

[93] Yuan Y, Barner K. Color image segmentation using watersheds and joint homogeneity-edge integrity region merging criteria. Image , 2006:1117–1120.

[94] Frucci M, Ramella G, Gabriella Samiti di Baja. Using resolution pyramids for watershed image segmentation. Image and

Vision Computing, 2007, 25(6):1021−1031.

[95] Celenk M. A color clustering technique for image segmentation. Graphical Models Image Process, 1990, 52(31):45-170.

[96] Sandor T, Metcalf D, Young-Jo K. Segmentation of brain CT images using the concept of region growing. International Journal of Bio-Medical Computing, 1991, 29(2):133-147.

[97] Adir T, Brady M.Unsupervised non-parametric region segmentation using level sets. Computer, 2003,2:1267−1274.

[98] Liu L, Sclaroff S. Region segmentation via deformable model-guided split and merge. Computer, 2001,1:98−104.

[99] 陈秋晓, 陈述彭, 周成虎. 基于局域同质性梯度的遥感图像分割方法及其评价.遥感学报,2006, 10(3): 357-365.

[100] Shafer S A. Using color to separate reflection components. Color Research and Application, 1985, 10(4):210-218.

[101] Klinker GJ, Shafer S A, Kanade T. A physical approach to color image understanding. International Journal of Computer Vision, 1990, 4(1):7-38.

[102] Bajcsy R, Lee S W, Leonardis A. Color image segmentation with detection of highlights and local illumination induced by inter-reflection. Proc. International Conference on Pattern Recognition, Atlantic City, NJ, 1990,(1):785-790.

[103] Healey G. Using color for geometry-insensitive segmentation. Journal of the Optical Society of America A, 1989, 6(6):920-937.

[104] Shafer S A, Kanade T. Using shadows in finding surface orientations. Comput. Vision Graphics Image Process, 1983, 22(83):145-176.

[105] Klinker J, Shafer S A, Kanade T. Image segmentation and reflection analysis through color. Proceedings of the Image Understanding Workshop, Morgan Kaufmann, San Mateo, CA, 1980,838-853.

[106] Klinker G J, Shafer S A, Kanade T. The measurement of highlights in color images. Int.J. Comput, 1988, 2(1):7-32.

[107] Ong C K, Matsuyama T. Robust color segmentation using the dichromatic reflection model. Pattern Recognition, 1998. Proceedings. Fourteenth International Conference,1998, 32(1-2):780-784

[108] Brill M H. Image segmentation by object color: a unifying framework and connection to color constancy, Opt.Soc.Am,1990, 7(10):2041-2047.

[109] Shafer , Kanade T, Klinker G, et al. Physicsbased models for early vision by machine. SPIE, Perceiving, Measuring, and Using Color, Santa Clara, 1990, 1250:222-235.

[110] Guth S L. Model for color vision and light adaptation. Opt.Soc.Am, 1991, 8(6):976-993.

[111] Healey G. Segmenting images using normalized color. IEEE Trans. System Man Cybernet, 1992, 22(1):64-73.

[112] Chan M, Metaxas D. Physics-based object pose and shape estimation from multiple views. Pattern Recognition, 1994.Vol.1-Conference A: Computer Vision & Image Processing, Proceedings of the 12th IAPR International Conference,1994, 1:326-330.

[113] Petrov P, Kontsevich L L. Properties of color images of surfaces under multiple illuminants. Opt.Soc.Am, 1994, 11(10):2745-2749.

[114] Wu K N, LevineMD. 3D part segmentation: a new physics-based approach. Computer Vision Proceedings. International Symposium,1995: 311-316.

[115] Maxwell A, Shafer S A, Physics-based segmentation: moving beyond color. IEEE Computer Vision and Pattern Recognition, 1996: 742-749.

[116] Bajcsy , Wooklee S, Leonardis A. Detection of diffuse and specular interface reflections and inter-reflections by color image segmentation. Int. J. Compute ,1996, 17(3):241-272.

[117] Luo J, Gray R T, Lee H C. Towards physics-based segmentation of photographic color images. Image Processing, 1997. Proceedings. International Conference,1997, 3:58−61.

[118] Yang , Ahuja N. Detecting human faces in color images. IEEE International Conference on Image Processing, 1998, 1(1):127-130.

[119] Terzopoulos D. Physics-based models for image analysis/synthesis and geometric design. 3-D Digital Imaging and Modeling, 1997. Proceedings. International Conference on Recent Advances ,1997: 190-195.

[120] Hattery D, Loew M. Depth from physics: physics-based image analysis and feature definition. Pattern Recognition, 1998. Proceedings. Fourteenth International Conference,1998, 1:711-713.

[121] Nikou C, Heitz F, Armspach J P. Brain segmentation from 3D MRI using statistically learned physics-based deformable models. Nuclear, 1998, 3:2045-2049.

[122] Lucchese L, Mitra S K. Advances in color image segmentation. Global Telecommunications Conference, 1999, 4:2038-2044.

[123] Thirion B, Bascle B, RameshV, et al. Fusion of color, shading and boundary information for factory pipe segmentation. Computer Vision and Pattern Recognition. Proceedings.IEEE Conference,2000,2:349-356.

[124] Bhanu B, Fonder S. Learning based interactive image segmentation. Pattern Recognition. Proceedings. 15th International Conference,2000,1:299-302.

[125] Nadimi S, Bhanu B. Physical models for moving shadow and object detection in video. Pattern Analysis and Machine Intelligence, IEEE Transactions,.2004, 26(8):1079-1087.

[126] Mille J, Bone R, Makris P, et al. Greedy algorithm and physics-based method for active contours and surfaces: a comparative study. image processing, IEEE International Conference,2006:1645-1648.

[127] Barrera J, Zampirolli F de A., Lotufo R. de A. Morphological operators characterized by neighborhood graphs. Computer, 1997:179-186.

[128] Crespo J, Maoio V. Shape preservation in morphological filtering and segmentation. Computer Graphics and Image Processing, 1999. Proceedings. XII Brazilian Symposium,1999:247–256.

[129] Bosworth J H. Acton S T. Morphological image segmentation by local monotonicity. SignalsSystemsand Computers, Conference Record of the Thirty-Third Asilomar Conference, 1999, 1:53-57.

[130] Gillet A, Macaire L, Botte-Lecocq C. Color image segmentation based on fuzzy mathematical morphology. Image Processing, 2000. Proceedings. 2000 International Conference,2000, 3:348-351.

[131] Demedeiros Martios, A., NetoADD. Texture based segmentation of cell images using neural networks and mathematical morphology. Neural, 2001, 4:2489-2494.

[132] Geraud T, Strub P Y, DarbonJ. Color image segmentation based on automatic morphological clustering. Image Processing, 2001. Proceedings. 2001 International Conference,2001, 3:70-73.

[133] Xue H, Geraud T, Duret-Lutz A. Multiband segmentation using morphological clustering and fusion application to color image segmentation. Image Processing, 2003. ICIP 2003.Proceedings. 2003 International Conference,2003, 1: I-353-6.

[134] Dong Y Z, Zhou X D. Application of soft mathematical morphology in image segmentation of IR ship image. Signal Processing, 2004. Proceedings. ICSP '04. 2004 7th International Conference,2004, 1:729–732.

[135] Lau P Y, Ozawa S. A region-based approach combining marker-controlled active contour model and morphological operator for image segmentation. Engineering in Medicine and Biology Society, 2004.IEMBS '04. 26th Annual International Conference of the IEEE, 2004, 1:1652–1655.

[136] Xia Y, Feng D, Zhao R C. Morphology-based multi-ractal estimation for texture segmentation. Image Processing,2006, 15(3):614-623.

[137] Bai X Z, Zhou F G. Edge detection based on mathematical morphology and iterative thresholding. Computational Intelligence and Security, 2006 International Conference,2006, 2:1849-1852.

[138] Tamura S, Higuchi S, Tanaka K. Pattern classification based on fuzzy relations. IEEE Trans. System Man Cybernet SMC1(1), 1971,:61-66.

[139] De Luca A, Termini S. A definition of nonprobabilistic entropy in the setting of fuzzy set theory. Inform. Control 1972,20(4):301-312.

[140] Rosenfeld A. Fuzzy digital topology. Inform. Control,1979,40(1):76-87.

[141] Windham M P.Geometrical fuzzy clustering algorithms. Fuzzy Sets and Systems, 1983, 10:271-279.

[142] Rosenfeld A.The fuzzy geometry of image subsets.Pattern Recognition Lett., 1984, 2(5):311-317.

[143] Huntsberger T L, Jacobs C L, Cannon R L. Iterative fuzzy image segmentation. Pattern Recognition, 1985, 18(2):131-138.

[144] Keller J M, Gray M R, Givens J A. A fuzzy K-nearest neighbor algorithm. IEEE Trans. Systems Sci. Cybernet.SMC-15, 1985, SMC-15(4):580-585.

[145] Pienkowski A E, Dennis T J. Applications of fuzzy logic to artificial color vision. SPIE Compute. Vision Robots 595,1985:50-55.

[146] Cannon R L, Dave J V. Efficient implementation of the fuzzy c-means clustering algorithms.IEEE Trans. Pattern Anal. Mach. Intell. PAMI-8(2), 1986,PAM2-8(2):248-255.

[147] Selim S Z, Ismail M A. On the local optimality of the fuzzy isodata clustering algorithm. IEEE Trans. Pattern Anal. Mach. Intell. PAMI-8(2), 1986,8(2):284-288.

[148] Pal S K, Rosenfeld A. Image enhancement and thresholding by optimization of fuzzy compactness. Pattern Recognition Lett,1988, 7(2):77-86.

[149] Pal N R, Pal S K. Object-background segmentation using new definition of entropy. IEE Proc. Part E, 1989, 136(4):284-295.

[150] Gath, Geva A B. Unsupervised optimal fuzzy clustering.IEEE Trans. Pattern Anal. Mach. Intell. PAMI-11(7), 1989, (11): 773-780.

[151] Pedrycz W. Fuzzy sets in pattern recognition: methodology and methods. Pattern Recognition, 1990, 23(1/2):121-146.

[152] Keller J M, Carpenter C L. Image segmentation in the presence of uncertainty. Int. J. Intell. Systems SMC-15, 1990,5(5): 193-208.

[153] Xie X L, Beni G. A validity measure for fuzzy clustering.IEEE Trans. Pattern Anal. Mach. Intell., 1991, 13 (8):841-847.

[154] Pal S K. Image segmentation using fuzzy correlation, Inform. Sci.,1992, 62(3):223-250.

[155] Bezdek J C, Castelaz P F. Prototype classification and feature selection with fuzzy sets. Pattern Recognition Lett. 1993,14:483-488.

[156] Huntsberger T L, Rangarajan C, Jayaramamurphy S N. Representation of the uncertainty in computer vision using fuzzy sets.IEEE Trans. Comput., 1993, 35(2):145-156.

[157] Pal S K, King R A. Prototype classification and feature selection with fuzzy sets. Electron.Lett, 1993, 16(10):376-378.

[158] Caillol H, Hillion A, Pieczynski W.Fuzzy random fields and unsupervised image segmentation.Geoscience and Remote Sensing, IEEE Transactions , 1993, 31(4):801-810.

[159] Tao C W, Thompson W E. A fuzzy if-then approach to edge detection. FUZZY-IEEE 93, San-Francisco, USA, 1993, 2: 1356-1360.

[160] Bloch I. Fuzzy connectivity and mathematical morphology. Pattern Recognition Lett. ,1993,14(6):483-488.

[161] Li XQ, Zhao ZW, Cheng HD, et al.A fuzzy logic approach to image segmentation. Pattern Recognition, Conference A: Computer Vision & Image Processing. Proceedings of the 12th IAPR International Conference,1994,1:337-341.

[162] Moghaddamzadeh A, Bourbakis N. A Fuzzy Technique for Image Segmentation of Color Images.Orlando, Florida: IEEE Word Congress on Computational Intelligence: FUZZY-IEEE, 1994.

[163] Moghaddamzadeh A, Bourbakis N. A Fuzzy Approach for Smoothing and Edge Detection in Color Images IS & T/SPIE Symposium.N:Electronic Imaging: Science and Technology,1995.

[164] Moghaddamzadeh A, Bourbakis N G. Segmentation of Color Images with Highlights and Shadows Using Fuzzy Reasoning IS & T/SPIEs Symposium:Electronic Imaging: Science and Technology, 1995.

[165] Huang L K, Wang M J. Image thresholding by minimizing the measures of fuzziness. Pattern Recognition, 1995, 28(1):41-51.

[166] Chen Y S, Hwang H Y, Chen B T. Color image analysis using fuzzy set theory. International Conference on Image Processing, A, 1995, 1:242-245.

[167] Carron T, Lambert P. Fuzzy color edge extraction by inference rules quantitative study and evaluation of performances. International Conference on Image Processing, 1995, 2:181-184.

[168] Carron T, Lambert P. Symbolic fusion of hue-chromaintensity features for region segmentation. International Conference on Image Processing, B, 1996, 1:971-974.

[169] Chun D N, Yang H S. Robust image segmentation using genetic algorithm with a fuzzy measure. Pattern Recognition, 1996, 29(7):1195-1211.

[170] Mari M, Dellepiane S. A segmentation method based on fuzzy topology and clustering.IEEE International Conference on Pattern Recognition, B, 1996, : 565-569.

[171] Udupa J K, Samarasekera S. Fuzzy connectedness and object definition: theory, algorithms and applications in image segmentation. Graphical Models Image Process, 1996, 58(3):246-261.

[172] Tsuda K, Minoh M, Ikeda K. Extracting straight lines by sequential fuzzy clustering. Pattern Recognition Lett. 1999,17(6):643-649.

[173] Moghaddamzadeh A, Bourbakis N. A fuzzy region growing approach for segmentation of color images. Pattern Recognition, 1997, 30(6):867-881.

[174] Cheng H D, Li J. Fuzzy Homogeneity and Scale Space Approach to Color Image Segmentation. International Conference on Computer Vision, Pattern Recognition and Image Processing, Atlantic City, 2000.

[175] Cheng H D, Jiang X H. Homogram thresholding approach to color image segmentation. International Conference on Computer Vision, Pattern Recognition and Image Processing, Atlantic City, 2000.

[176] Karmakar GC, Dooley L. A generic fuzzy rule based technique for image segmentation. Acoustics, Speech, and Signal Processing, 2001. Proceedings. (ICASSP '01). 2001 IEEE International Conference，2001, 3:1577–1580.

[177] Karmakar G, Dooley L, Murshed M.New fuzzy rules for improved image segmentation. Acoustics, Speech, and Signal Processing. Proceedings. (ICASSP '02). IEEE International Conference, 2002, 4(1): IV-4192.

[178] Karmakar G, Dooley L, Murshed M. Fuzzy rule for image segmentation incorporating texture features. Image ，2002, 1: I-797-800.

[179] Karmakar GC, Dooley LS, Murshed M. Image segmentation using modified extended fuzzy rules. Signal，2002, 2:941-944.

[180] Udupa JK, Saha PK, Lotufo RA. Disclaimer: relative fuzzy connectedness and object definition: theory, algorithms, and applications in image segmentation. Pattern Analysis and Machine Intelligence, IEEE Transactions, 2002, 24(11): I–1500.

[181] Boskovitz V, Guterman H.An adaptive neuro-fuzzy system for automatic image segmentation and edge detection. Fuzzy Systems, IEEE Transactions，2002,10(2):247–262.

[182] Dooley LS, Karmakar GC, Murshed M. A fuzzy rule-based color image segmentation algorithm. Image Processing, 2003. ICIP 2003. Proceedings. 2003 International Conference, 2003, 1(10): I-977-80.

[183] Pednekar AS, Kakadiaris IA. Image segmentation based on fuzzy connectedness using dynamic weights. Image Processing, IEEE Transactions on., 2006, 15(6):1555–1562.

[184] Sen D, Pal SK. Image Segmentation Using Global and Local Fuzzy Statistics Annual India Conference,2006.

[185] Clairet J, Bigand A, Colot O. Color Image Segmentation using Type-2 Fuzzy Sets. E-Learning in Industrial Electronics, 2006 1ST IEEE International Conference, 2006, :52-57.

[186] Borji A, Hamidi M. CLPSO-based Fuzzy Color Image Segmentation. NAFIPS 2007-2007 Annual Meeting of the North American Fuzzy Information Processing Society, 2007.

[187] 崔锦泰. 小波分析导论.程正兴译. 西安：西安交通大学出版社, 1995.

[188] 秦前清，杨宗凯. 实用小波分析. 西安：西安电子科技大学出版社, 1994.

[189] Mallat S. A theory for multiresolution signal decomposition: the wavelet representation. IEEE Trans. on Pattern Analysis and Machine Intelligence, 1989, 11(7):674-693.

[190] Laine A, Fan J. Texture classification by wavelet packet signatures. IEEE Transactions on Pattern Analysis and Machine Intelligence, 1993,15(11):1186-1190.

[191] Unser M. Texture classification and segmentation using wavelet frames. IEEE Transactions on Image Processing, 1995, 4(11): 1549-1560.

[192] Salari Ling Z. Texture segmentation using hierarchical wavelet decomposition. Pattern Recognition, 1995, 28(12):1819-1824.

[193] Porter R, Canagarajah N. A robust automatic clustering scheme for image segmentation using wavelets. Image Processing,

IEEE Transactions,1996, 5(4):662–665.

[194] Lu C S, Chung P C, Chen C F. Unsupervised texture segmentation via wavelet transform. Pattern Recognition,1997, 30(5):729-742.

[195]李军，周月琴．小波变换用于影像分割的研究．中国图象图形学报,1997,2(4):213-219.

[196] Angel P, Morris C. Analyzing the mallat wavelet transform to delineate contour and textural features. Computer Vision and Image Understanding, 2000, 80(3):267-288.

[197] Sebe N, Lew M S. Wavelet based texture segmentation. International Conference on Pattern Recognition (ICPR'00), Barcelona, Spain, 2000,3:3959-3962.

[198] 张晓东，李德仁，蔡东翔等. atrous 小波分解在边缘检测中的应用. 武汉大学学报·信息科学版, 2001，26(1)：29-33.

[199] Choi H, Baraniuk RG. Multiscale image segmentation using wavelet-domain hidden Markov models. Image ，2001, 10(9):1309-1321.

[200] Wang J, Chen C, Chien Wet al. Texture classification using non-separable two-dimensional wavelets. Pattern Recognition Letters, 2001, 19(3):1225-1234.

[201] Noda H, Shirazi M N, Kawaguchi E. MRF-based texture segmentation using wavelet decomposed images. Pattern Recognition, 2002, 35(4):771-782.

[202] Liang L. Median filtering in the wavelet domain in image segmentation. Signal Processing, 2002 6th International Conference ,2002, 1:764-767.

[203] Shaffrey CW, Kingsbury NG, Jermyn IH. Unsupervised image segmentation via Markov trees and complex wavelets. Image，2002, 3:801-804.

[204]昌进，郭立，朱俊株等. 基于去降 Mallat 离散小波变换的彩色图像分割. 计算机工程与应用,2003,39(11):93-95.

[205] Arivazhagan S, Ganesan L. Texture segmentation using wavelet transform. Pattern Recognition Letters, 2003, 24(16):3197-3203.

[206] Acharyya M, De RK, Kundu MK. Segmentation of remotely sensed images using wavelet features and their evaluation in soft computing framework. IEEE Transactions on Geoscience and Remote Sensing, 2003, 41(12):2900-2905.

[207] Papila I, Yazgan B. Hidden Gauss Markov model for multiscale remotely sensed image segmentation. Recent Advances in Space Technologies, RAST'03.International Conference ,2003,349-354.

[208] Lipinski P. Image segmentation method using wavelet transforms.CAD Systems in Microelectronics, 2003. CADSM 2003. Proceedings of the 7th International Conference. The Experience of Designing and Application, 2003,495-496.

[209] Liapis S, Sifakis E, Tziritas G. Color and texture segmentation using wavelet frame analysis, deterministic relaxation, and fast marching algorithms. Journal of Visual Communication and Image Representation, 2004, 15(1):1-26.

[210] Lo EHS, Pickering M, Frater M, et al. Scale and rotation invariant texture features from the dual-tree complex wavelet transform Image Processing, 2004. ICIP '04. 2004 International Conference ,2004, 1(1):227-230.

[211] Akhlaghian T F, Naghdy G, Mertins A. Scalable multiresolution color image segmentation with smoothness constraint. Electro Information Technology, 2005 IEEE International Conference , 2005, 86: 6.

[212] Chai Y H, Gao L Q, Lu S, et al. Wavelet-based watershed for image segmentation algorithm. Intelligent ,2006, 2:9595–9599.

[213] Wu J H, Zhu L, Luo Y B, et al. Image segmentation method based on lifting wavelet and watershed arithmetic. Electronic Measurement and Instruments, 2007.ICEMI '07.8th International Conference, 2007,2-978-981.

[214] Egmont-Petersena M, de Ridderb D, Handelsc H. Image processing with neural networks—a review.Pattern Recognition, 2002, 35(10):2279–2301.

[215] Huang C L. Parallel image segmentation using modified Hopfield model. Pattern Recognition Letters, 1993, 13(5):345-353.

[216] Campadelli P, Medici D, Schettini R. Color image segmentation using Hopfield networks . Image and Vision Computing, 1997, 15(3):161-166.

[217] Iwata H, Nagahashi H. Active region segmentation of color images using neural networks. Systems Comput. J, 1998, 29(4):1-10.

[218] Sammouda R, Niki N, Nishitani H. Segmentation of sputum color image for lung cancer diagnosis based on neural networks, IEICE Trans. Inform. Systems, 1998, E81-D (8):862-871.

[219] Sammouda M, Sammouda R, Niki N,et al. Segmentation and analysis of liver cancer pathological color image based on artificial neural networks//Proceeding of IEEE 1999 International Conference on Image Processing, Kobe, Japan,1999:392-396.

[220] Sammouda R, SammoudaM. Improving the performance of Hopfield neural network to segment pathological liver color images .International Congress Series,2003,:232-239.

[221] Marija U, Irini R, Dragi D. Improvements in image segmentation by applying hopfield neural networks. Neural Network Applications in Electrical Engineering, NEUREL 2006.8th Seminar , 2006, 37–40.

[222] Ji S, Park H W. Image segmentation of color image based on region coherency.1998 International Conference on Image Processing, Chicago, Illinois, USA, 1998,80-83.

[223] Lo Y S, Pei S C. Color image segmentation using local histogram and self-organization of Kohonen feature map.International Conference on Image Processing, KOBE, Japan, 1999,232-239.

[224] Vesanto J, Alhoniemi E. Clustering of the self-organizing map, IEEE Trans. Neural Networks,2000,11(3):586-600.

[225] Papamarkos N, Strouthopoulous C, Andreadis I. Multithresholding of color and gray-level images through a neural network technique .Image and Vision Computing, 2000, 18(3):213-222.

[226] Ong S H, Yeo N C. Segmentation of color images using a two stage self organizing network.Image and Vision Computing, 2002, 20(4):279-289.

[227] Dong G, Xie M.Color clustering and learning for image segmentation based on neural networks. Neural , 2005, 16(4):925–936.

[228] Lescure P, Yedid V M, Dupoisot H, et al. Color segmentation on biological microscope images // Proceeding of SPIE, Application of Artificial Neural Networks in Image Processing IV.San Jose, California, USA, 1999:182-193.

[229] Muhammed HH.Unsupervised fuzzy clustering and image segmentation using weighted neural networks. Image Analysis and Processing.Proceedings.12th International Conference ,2003,308-313.

[230] Estevez PA, Flores RJ, Perez CA. Color image segmentation using fuzzy min-max neural networks. Neural Networks. IJCNN'05.Proceedings.2005 IEEE International Joint Conference ,2005,5(31):3052-3057.

[231] Wesolkowski S, Dony RD, Jernigan ME. Global color image segmentation strategies: euclidean distance vs. vector angle. Neural Networks for Signal Processing IX. Proceedings of the 1999 IEEE Signal Processing Society Workshop, 1999,419-428.

[232] Fernandes D, Navaux POA. A low complexity digital oscillatory neural network for image segmentation. Signal Processing and Information Technology. Proceedings of the Fourth IEEE International Symposium , 2004,365 -368.

[233] Toshniwal M. An optimized approach to application of neural networks to classification of multispectralremote sensing data. Networking, Sensing and Control. Proceedings. 2005 IEEE,2005,235-240.

[234] Pu J X, Zhang H Y, Zhang H C, et al.Robust Image Segmentation Using Pulse-coupled neural network with De-noising by Kernel PCA. Mechatronics and Automation, Proceedings of the 2006 IEEE International Conference 2006, 561-566.

[235] Liu Z, Shi J M, Bai Z Y. Image Segmentation based on discrete Krawtchouk Moment and Quantum Neural Network. Industrial Electronics and Applications.ICIEA 2007.2nd IEEE Conference, 2007,476–479.

[236] Ruzon M A. A Short History of Color Edge Detection. http://robotics.stanford.edu/~ruzon/compass/color.html.

[237] Muñoz X, Freixenet J, Cufí X, et al. Strategies for image segmentation combining region and boundary information. Pattern Recognition Letters,2003, 24:375-392.

[238] eCognition User Guide.http:\\www.definiens-imaging.com.

[239] Deng Y N, Manjunath B S.Unsupervised segmentation of color-texture regions in images and video. IEEE Transactions on Patternan Alysis And Machine Intelligence, 2001, 23(8):800-810.

[240] Jing F, Li M, Zhang H, et al. Unsupervised Image Segmentation Using Local Homogeity Analysis.Proc.IEEE International

Symposium on Circuits and Systems. 2003.

[241] 周光绍, 徐勇. 在高分辨率遥感影像中提取无清晰连续边缘线的道路. 测绘学报, 2008, 37(3): 301-307.

[242] 梅天灿, 李德仁, 秦前清. 基于直线和区域特征的遥感影像线状目标检测. 武汉大学学报·信息科学版, 2005, 30(8): 689-693.

[243] 程承旗, 马廷. 高分辨率卫星影像上地物线性特征的自动识别. 遥感学报, 2003, 7(1): 26-30.

[244] 明冬萍, 骆剑承, 周成虎. 高分辨率遥感影像特征分割及算法评价分析. 地球信息科学, 2006, 8(1): 103-109.

[245] 骆剑承, 周成虎, 沈占锋, 等. 遥感信息图谱计算的理论方法研究. 地球信息科学学报, 2009, 11(5): 664-669.

[246] Koschan A, Abidi M.彩色数字图像处理. 章毓晋(译). 北京: 清华大学出版社, 2010.

[247] 王志衡, 吴福朝. 内积能量与边缘检测. 计算机学报, 2009, 32(11): 2211-2221.

[248] Pavlidis T, Liow Y T. Integrating region growing and edge detection. IEEE Trans. Pattern Anal. Machine Intell., 1990,121: 225~233.

[249] Espindola G M, Camrar G. Parameter selection for region-growing image segmentation algorithms using spatial autocorrelation. International Journal of Remote Sensing, 2006, 27(14):3025–3030.

[250] 林生佑, 石教英. 基于 HSV 的彩色图像边缘检测算子. 中国图象图形学报, 2005, 10(1): 43-47.

[251] 王小芳, 闫光荣, 雷毅. 彩色图像的复变函数模型及边缘检测. 光电工程, 2008, 35(2): 90-96.

[252] Canny J. A computational approach to edge detection.IEEE Transactions on Pattern Analysis and Machine Intelligence, 1986,8(6):679-698.

[253] 解振东. 基于 Canny 理论的彩色图像边缘检测. 物探化探计算技术, 2007, 29(4): 370-373.

[254] 高俊钗, 韩冰, 王泽民. 向量空间彩色图像的 Canny 边缘检测. 科学技术与工程, 2008, 8(3): 686-689.

[255] Yang C K, Tsai W H.Reduction of color space dimensionality bymomentpreserving thresholding and its application for edge detectionin color images.Pattern Recognition Letters,1996,17(5):481-490.

[256] Wesolkowski S, Jernigan M E, Robert D D.Comparison of color image edge detectors in multiple colorspaces. Proceedings of the International Conference on Image Processing. Vancouver, BC, Canada:IEEE,2000,2:796-799.

[257] 王植, 贺赛先. 一种基于 Canny 理论的自适应边缘检测方法. 中国图象图形学报, 2004, 9(8): 957-962.

[258] Li J D, Goshtasby A. On the Canny edge detector.Pattern Recognition,2000,34(3): 721-725.

[259] Ikonomakis N, Pataniotis K N, Venetsanopoulos A N. Unsupervised seed determination for a region-based color image segmentation scheme. Image Processing, Proceedings. 2000 International Conference on, 2000, 1(10-13):537–540.

[260] Adams R, Bischof L. Seeded region growing. IEEE Transactions on Pattern Analysis and Machine Intelligence, 1994, 16(6): 641-647.

[261] Mehnert A, Jackway P. An improved seeded region growing algorithm. Pattern Recognition Letters, 1997, 18(10): 1065-1071.

[262] Haris K, Efstratiadis S N, Maglaveras N, et al. Hybrid image segmentation using watersheds and fast region merging. IEEE Trans. on Image Processing, 1998, 7(12): 1684-1699.

[263] Beveridge J R, Griffith J K, Riesman E M.Segmenting images using localized histograms and region merging.International Journal of Computer Vision, 1989, 2: 311–347.

[264] Fukunaga K, Hostetler L D. The Estimation of the Gradient of a Density Function, with Applications in Pattern Recognition. IEEE Trans. on Information Theory,1975,21(1):32-40.

[265] Cheng Y Z. Mean shift, mode seeking, and clustering.IEEE Trans. on Pattern Analysis and Machine Intelligence, 1995, 17(8):790-799.

[266] Comaniciu D, Ramesh V, Meer P. Real-time tracking of non-rigid objects using mean shift.Proc. IEEE Confe. Computer Vision and Pattern Recognition, 2000, 2:142-149.

[267] Comaniciu D, Ramesh V, Meer P.The variable bandwidth mean shift and data-driven scale selection. International Conference on Computer Vision, 2001, 1:438-445.

[268] Comaniciu D, Meer P. Mean shift: a robust approach toward feature space analysis. IEEE Trans. on Pattern Analysis and

Machine Intelligence, 2002, 24(5):603-619.

[269] Comaniciu D. An algorithm for data-driven bandwidth selection. IEEE Trans. on Pattern Analysis and Machine Intelligence, 2003, 25(2):281-288.

[270] Haddon J F, Boyce J F. Image segmentation by unifyingregion and boundary information. IEEE Trans. PatternAnal. Machine Intell. , 1990, 12:929-948.

[271] Chu C C, Agganval J K. The integration of image segmentationmaps using region and edge information. IEEETrans. Pattern Anal. Machine Intell. , 1993, 15:1241-1252.

[272] Moigne J L, Tilton J C. Refining image segmentationby integration of edge and region data. IEEE Trans. Geoscienceand Remote Sensing, 1995, 33:605-615.

[273] Tabb M, Ahuja N. Multiscale image segmentation byintegrated edge and region detection. IEEE Trans. ImageProcess. , 1997, 6:642-655.

[274] Ma W Y, Manjunath B S.Edge flow: a framework ofboundary detection and image segmentation. IEEE Trans.Image Processing, 2000, 9: 1375-1388.

[275] Fan J, Yau D K Y, Elmagarmid A K. Automaticimage segmentation by integrating color-edge extractionand seeded region growing. IEEE Trans. Image Process. , 2001,10:1454-1466.

[276] Fukada Y. Spatial clustering procedures for regionanalysis. Pattern Recognition, 1980, 12(6): 395-403.

[277] Chen P, Pavlidis T. Image segmentation as anestimation problem. Computer Graphics and Image Processing, 1980, 12: 153-172.

[278] Bonnin P, Blanc T J. Anew edge point/region cooperative segmentation deducedfrom a 3d scene reconstruction application// SPIE Applications of Digital Image Processing XII, 1989: 579-591.

[279] Buvry M, Senard J, Krey C. Hierarchical region detection based on the gradient image[C]//Scandinavian conference on image analysis. 1997: 717-724.

[280] Buvry M, Zagrouba E, Krey C J. Rule-based system for region segmentation improvement in stereovision[C]// IS&T/SPIE 1994 International Symposium on Electronic Imaging: Science and Technology. International Society for Optics and Photonics, 1994:357-367.

[281] Healey G. Segmenting images using normalized color. Systems Man & Cybernetics IEEE Transactions on, 1992, 22(1):64-73.

[282] Bertolino P, Montanvert A. Coopération régions contours multirésolution en segmentation d'image. Actes du 10e Congrès AFCET/Reconnaissance des formes et intelligence artificielle, Rennes, 1996: 16-18.

[283] Gevers T, Smeulders A W M. Combining region splitting and edge detection through guided Delaunay image subdivision[C]// IEEE Computer Society Conference on Computer Vision & Pattern Recognition Cvpr. 1997:1021-1026.

[284] Zucker S W. Region growing: Childhood and adolescence. Computer graphics and image processing, 1976, 5(3): 382-399.

[285] Zucker S W. Algorithms for Image Segmentation// Digital Image Processing and Analysis. 1977, 169-183.

[286] Adams R, Bischof L. Seeded region growing. IEEE Transactions on Pattern Analysis & Machine Intelligence, 1994, 16(6):641-647.

[287] Yu X, Yla-Jaaski J, Huttunen O, et al. Image segmentation combining region growing and edge detection[C]// Iapr International Conference on Pattern Recognition, 1992. Vol.iii. Conference C: Image, Speech and Signal Analysis, Proceedings. IEEE Xplore, 1992:481-484.

[288] Gambotto J P. A new approach to combining region growing and edge detection. Pattern Recognition Letters, 1993, 14(11):869-875.

[289] Steudel A, Glesner M. Fuzzy segmented image coding using orthonormal bases and derivative chain coding. Pattern Recognition, 1999, 32(11):1827-1841.

[290] Krishnan S M, Tan C S, Chan K L. Closed-boundary extraction of large intestinal lumen[C]// Engineering in Medicine and Biology Society, 1994. Engineering Advances: New Opportunities for Biomedical Engineers. Proceedings of the, International

Conference of the IEEE. IEEE, 1994:610-611 vol.1.

[291] Lambert P, Carron T. Symbolic fusion of luminance-hue-chroma features for region segmentation. Pattern Recognition, 1999, 32(11):1857-1872.

[292] Pham D L, Prince J L. An adaptive fuzzy C -means algorithm for image segmentation in the presence of intensity inhomogeneities. Proceedings of SPIE - The International Society for Optical Engineering, 1998, 14(1):555-563.

[293] Moghaddamzadeh A, Bourbakis N. A fuzzy region growing approach for segmentation of color images. Pattern Recognition, 1997, 30(6):867-881.

[294] Kong S G, Kosko B. Image coding with fuzzy image segmentation[C]// IEEE International Conference on Fuzzy Systems. 1992:213-220.

[295] Bieniek A, Moga A. An efficient watershed algorithm based on connected components. Pattern Recognition, 2000, 33(6):907-916.

[296] Author(s): Patrick De Smet, Rui L V P M P. Implementation and Analysis of an Optimized Rainfalling Watershed Algorithm. Proc Spie, 2000, 2(2):1116-1117 vol.2.

[297] Wang D. A multiscale gradient algorithm for image segmentation using watershelds. Pattern Recognition, 1997, 30(12):2043-2052.

[298] Weickert J. Efficient image segmentation using partial differential equations and morphology. Pattern Recognition, 2001, 34(9):1813–1824.

[299] Kass B M, Witkin A, Terzopoulos D. Snakes: Active Contour Models. Int'l Conference on Computer Vision. 2010, 259 – 268.

[300] Alexander D C, Buxton B F. Implementational improvements for active region models[C]//BMVC97. Proceedings of the 8th British Machine Vision Conference, 8-11 September 1997, University of Essex. The British Machine Vision Association, 1997: 370-379.

[301] Chakraborty A, Staib L H, Duncan J S. Deformable boundary finding influenced by region homogeneity[C]// IEEE Computer Society Conference on Computer Vision & Pattern Recognition. 1994:624-627.

[302] Chakraborty A, Duncan J S. Game-Theoretic Integration for Image Segmentation. Pattern Analysis & Machine Intelligence IEEE Transactions on, 1999, 21(1):12-30.

[303] Mumford D, Shah J. Boundary detection by minimizing functionals[C]//IEEE Conference on Computer Vision and Pattern Recognition. 1985, 17: 137-154.

[304] Shah J, Pien H H, Gauch J M. Recovery of surfaces with discontinuities by fusing shading and range data within a variational framework. IEEE Transactions on Image Processing, 1996, 5(8):1243-1251.

[305] Zhu S C, Yuille A. Region Competition: Unifying Snakes, Region Growing, and Bayes/MDL for Multi-band Image Segmentation. IEEE Transactions on Pattern Analysis & Machine Intelligence, 1996, 18(9):884-900.

[306] Ronfard R. Region-based strategies for active contour models. International Journal of Computer Vision, 1994, 13(2):229-251.

[307] Ivins J, Porrill J. Statistical snakes: active region models[C]// Conference on British Machine Vision. :377-386.

[308] Ivins J, Porrill J. Active region models for segmenting textures and colours. Image & Vision Computing, 1995, 13(5):431-438.

[309] Chesnaud C, Réfrégier P, Boulet V. Statistical Region Snake-Based Segmentation Adapted to Different Physical Noise Models. IEEE Transactions on Pattern Analysis & Machine Intelligence, 1999, 21(11):1145-1157.

[310] Paragios N, Deriche R. Geodesic Active Regions for Supervised Texture Segmentation[C]// International Conference on Computer Vision. IEEE Computer Society, 2001:926-932 vol.2.

[311] Paragios N, Deriche R. Unifying boundary and region-based information for geodesic active tracking. 1999, 2:2300.

[312] Caselles V, Kimmel R, Sapiro G. Geodesic active contours[C]// International Conference on Computer Vision, 1995. Proceedings. IEEE, 1995:61-79.

[313] Will S, Hermes L, Buhmann J M, et al. On learning texture edge detectors[C]// International Conference on Image Processing, 2000. Proceedings. IEEE, 2000:877-880 vol.3.

[314] Sinclair D. Voronoi seeded colour image segmentation[J]. AT&T Laboratories Cambridge, submitted for publication, 1999.

[315] Cufi X, Muñoz X, Freixenet J, et al. A Concurrent Region Growing Algorithm Guided by Circumscribed Contours[C]// International Conference on Pattern Recognition, 2000. Proceedings. IEEE, 2000:432-435 vol.1.

[316] Gagalowicz A, Monga O. A new approach for image segmentation. In: International Conference on Pattern Recognition, November, Paris, France, 1986, 265-267.

[317] WROBEL B, MONGA O. Segmentation d'images naturelles: coopération entre un détecteur-contour et un détecteur-région[C]//11° Colloque sur le traitement du signal et des images, FRA, 1987. GRETSI, Groupe d'Etudes du Traitement du Signal et des Images, 1987.

[318] Philipp S, Zamperoni P. Segmentation and contour closing of textured and non-textured images using distances between textures[C]// International Conference on Image Processing, 1996. Proceedings. 1996:125-128 vol.3.

[319] Fjørtoft R, Cabada J, Lopès A, et al. Complementary edge detection and region growing for sar image segmentation[C]//NOBIM'97. 1997, 70-72.

[320] Haddon J F, Boyce J F. Image segmentation by unifying region and boundary information. IEEE Transactions on Pattern Analysis & Machine Intelligence, 1990, 12(12):929-948.

[321] Chu C C, Aggarwal J K. The Integration of Image Segmentation Maps using Region and Edge Information. Pattern Analysis & Machine Intelligence IEEE Transactions on, 1993, 15(12):1241-1252.

[322] Nair D, Aggarwal J K. A Focused Target Segmentation Paradigm[C]// Computer Vision - Eccv'96, European Conference on Computer Vision, Cambridge, Uk, April 15-18, 1996, Proceedings, Volume I. DBLP, 1996:579-588.

[323] Sato M, Lakare S, Wan M, et al. A gradient magnitude based region growing algorithm for accurate segmentation[C]// International Conference on Image Processing, 2000. Proceedings. IEEE Xplore, 2000:448-451 vol.3.

[324] Bergholm F. Edge Focusing. IEEE Transactions on Pattern Analysis & Machine Intelligence, 1987, 9(6):726-741.

[325] Spann M, Wilson R. A quad-tree approach to image segmentation which combines statistical and spatial information. Pattern Recognition, 1985, 18(3-4):257-269.

[326] Wilson R, Spann M. A New Approach to Clustering. Pattern Recognition, 2000, 23(90):1413–1425.

[327] Wilson R, Spann M. Finite prolate spheroidal sequences and their applications. II. Image feature description and segmentation. Pattern Analysis & Machine Intelligence IEEE Transactions on, 1988, 10(2):193-203.

[328] Hsu T I, Kuo J L, Wilson R. A multiresolution texture gradient method for unsupervised segmentation. Pattern Recognition, 2000, 33(11):1819-1833.

[329] Chan F H Y, Lam F K, Poon P W F, et al. Object boundary location by region and contour deformation. IEE Proceedings - Vision Image and Signal Processing, 1997, 143(6):353-360.

[330] Verard L, Fadili J, Su R, et al. 3D MRI segmentation of brain structures[C]// Engineering in Medicine and Biology Society, 1996. Bridging Disciplines for Biomedicine. Proceedings of the, International Conference of the IEEE. IEEE, 1996:1081-1082 vol.3.

[331] Jang D P, Lee D S, Kim S I. Contour detection of hippocampus using dynamic contour model and region growing[C]// Engineering in Medicine and Biology Society, 1997. Proceedings of the, International Conference of the IEEE. IEEE, 1997:763-766 vol.2.

[332] Fua P, Hanson A J. Using Generic Geometric Models for Intelligent Shape Extraction.[C]// National Conference on Artificial Intelligence. Seattle, Wa, July. 1987:706-711.

[333] Moigne J L, Tilton J C. Refining image segmentation by integration of edge and region data. IEEE Transactions on Geoscience & Remote Sensing, 1995, 33(3):605-615.

[334] Hojjatoleslami S A, Kittler J. Region growing: a new approach. IEEE Transactions on Image Processing, 1998, 7(7):1079-1084.

[335] Siebert A. Dynamic region growing[C]//Vision Interface. 1997, 97.
[336] Revol-Muller C, Peyrin F, Odet C, et al. Automated 3D region growing algorithm governed by an evaluation function[C]//International Conference on Image Processing, 2000. Proceedings. IEEE, 2000:440-443 vol.3.
[337] 胡晓东，骆剑承，沈占锋，等．高分辨率遥感影像并行分割结果缝合算法．遥感学报，2010，14(5)：917-927．

第4章 高空间分辨率遥感分割尺度计算

在基于对象影像分析研究领域,尺度计算是一个重要的研究方向。目前,围绕有关遥感影像多尺度影像分割已经提出了许多尺度计算方法。由于高空间分辨率遥感影像(HSRRSI)数据自身的复杂性,以及地理对象尺寸和空间分布模式的差异性,很难建立一个全局尺度参数模型来有效地指导大区域多尺度分割参数(同时在空间域和光谱域进行相邻像素同质性与异质性测度)的计算。工程实践表明,自适应获取合理的尺度参数不仅对分割结果的精确性起到关键作用,而且也深刻影响着物理影像基元(PIP)的有效识别和后期处理。目前,诸多尺度计算方法往往不能引导分割算法产生适当的或可重复的多尺度分割结果;此外,当前尚无对有关多尺度遥感影像分割的尺度计算方法进行系统的总结和分类研究。本章作者提出并讨论了有关多尺度分割尺度计算的相关概念,同时对当前主要基于光谱与几何特征的尺度计算方法进行回顾和总结,特别是对与之相关的方法类别和应用策略方面进行了重点归纳,最后指出了遥感影像分割尺度计算未来的发展趋势。

4.1 概　　述

受地学研究、经济建设和国防安全等多种因素的强力推动,遥感对地观测技术日益精进,对地观测系统获取数据的能力和质量均得到大幅度提高,呈现出高空间、高光谱和高时间分辨率的发展趋势,并因其几乎不受时空限制而逐渐成为获取空间数据的主流方式,在世界各国得到竞相发展。与此形成鲜明对比的是,受遥感影像某些数据处理环节的制约,遥感应用严重滞后于遥感技术本身的发展。在我国,航天遥感领域"重上天,轻应用"的现象仍然十分明显,现有国产卫星影像数据应用率偏低,这种现状直接导致了数据爆炸与知识贫乏的矛盾:一方面,大量遥感影像数据没有经过有效处理和充分使用,即被闲置;另一方面,各类应用部门却在为得不到规划、管理和决策所需的空间信息而发愁[1-4]。随着遥感对地观测技术的进一步发展,遥感影像的时、空、谱分辨率越来越高,影像数据量爆炸与处理能力严重不足的矛盾日益尖锐,发展更加高效的遥感影像数据挖掘理论与技术方法迫在眉睫。

近10年来,研究人员[5-19]相继提出了基于对象的遥感影像分析方法(geographic object-based image analysis,GEOBIA)及相关技术实现;作为"高分辨率对地观测的若干前沿科学问题"——遥感影像理解与信息提取[20]核心技术之一的多尺度影像分割以任意尺度生成几何与属性信息丰富的物理影像基元(满足几何与光谱同质性准则的邻接像元集合),继而以物理影像基元为基本空间分析单元,利用其几何特征与光谱统计信息实现对地物语义影像目标(物理影像基元或由其组合形成的影像区域的地学语义描述)的自动识别与分类。多尺度遥感影像分割[6]作为GEOBIA核心技术之一获得了研究人员的广泛关注[1,6-19]，目前基于 GEOBIA 方法且已经初步商业化的多尺度影像分割方法以集成在 eCognition®[20]和 Feature Analysis[21]软件中的算法为代表；此外，各类文献介绍的影像分割方法及实现的算法很多[22-26]；但这些方法或算法应用于高空间分辨率遥感影像分割时仍存在明显的局限性[27-28]。尺度参数的自适应计算[29-32]在多尺度分割过程中是尤为突出的问题之一，即如何自适应地计算适当的尺度参数来描述分割时相邻像素在空间域和光谱域的异质性和同质性范围。目前，有关遥感影像分割尺度计算的研究主要集中在以下方面：①基于 HSRRSI 数据自身特征和特定信息提取机制的自适应分割参数获取；②基于先验知识或规则集构建全局框架来指导多尺度分割过程；③限制或减少人机交互参与程度来优化现有方法或算法。

4.2 尺度计算

4.2.1 尺度计算与高空间分辨率遥感影像多尺度分割

尺度是一个广泛使用的术语，在不同的研究和应用领域有着各自相应的内涵[20,33-36,37]。Lam 和 Quattrochi[20]学者认为，一般地学研究中的尺度包括地理或观测尺度、地图制图或地图比例尺、地理过程(操作)尺度、测量或分辨率大小。Ming 等[38]认为，遥感影像的空间尺度有 3 个层面的含义(基于像素、基于对象和基于模式)，其中基于对象的尺度一般对应于有明确含义影像单元的尺寸大小。

GEOBIA 在高空间分辨率遥感影像分析和识别研究领域已经引起了相当广泛的关注，但有关影像分割尺度还没有一个明确的定义。在 GEOBIA 研究领域，对于多尺度分割获取的影像对象被认为是具有同质性特征邻接像元的集合[39]。在 HSRRSI 多尺度分割过程中，尺度指计算语义影像目标(sematic image object，SIO)(指遥感影像中与人类认知和概念体系具有一致性的地理空间单元，如道路，操场，绿地等)几何和光谱特征模式异质性最小的测度。语义影像目标 SIO 由物理影像基元(physical image parcel，PIP)(一组满足几何与光谱特征模式异质性测度最小条件的邻接像元)构成。一般基于语义影像目标最优尺度对应分割(通常在每次分割中将获取不同尺度层次对应的不同语义影像目标特征)所获得的物理影像基元在后续基于 PIP 分类和识别中能达到一个较高的精度。

语义影像目标的尺度计算通常由自身属性特征决定，如空间分布模式和光谱特性，不仅是指语义影像目标的空间范围或大小[39]，而且包含对不同地面要素光谱特征范围的测度。

对于每个物理影像基元而言，它所包含的像素均共享相同的特征模式和同等重要的空间位置信息；但是与 PIP 空间几何形状的限制和这些像素的光谱特征模式相比，每个像素至 PIP 边缘的空间距离指数在尺度计算过程中仅起次要的作用。例如，对于共属于同一物理影像基元的像素而言，靠近边界的像元和那些远离边界的像元共享同样的 PIP 位置；而且，与语义影像目标(或物理影像基元组)对应的像元可能意味着它们共享一个明确的要素几何轮廓图形。这里所描述的尺度概念在一定程度上类似于生态学的尺度域和尺度阈值[30]，但是应用领域和场景则完全不同。尺度域是指不变或随多尺度单调变化的具有特殊地理现象和地形结构的多个区域，它通过尺度阈值进行多层级划分。尺度阈值是指改变了连续地理尺度的特征变化突出的过渡区域。在 GEOBIA 研究领域，期望定量且自适应地计算尺度值作为对 HSRRSI 多尺度进行分割的参数值，从而对每次分割尺度参数设置提出指导性的建议。

目前，对于大多数的分割方法或算法，多尺度分割尺度参数的获取主要是基于实践经验或迭代随机尝试，这种方法被统称为主观试错法[41]。由于这种方法缺少全局尺度计算参数模型或整体框架，所以很难自适应地适应 HSRRSI 多变的数据属性[25]，最终导致这些方法或算法在不同的应用中缺乏普遍性。例如，在 GEOBIA 研究领域，域内多分辨率分割算法[7]可能是最流行的依赖尺度参数(SP)的算法。尺度参数控制影像对象的内部(光谱)异质性，因此与影像对象的平均尺寸有关，即尺度参数值越大，对应的内部异质性越高，这就增加了每个影像对象包含的像元数量[7]。然而，该算法尺度参数的选择是一个基于分割效果的视觉评估反复试验优化的过程[42-43]。因此，基于一个更加客观的决策方式(至少过程可控或具备可重复性)进行分割参数选择在 GEOBIA 研究领域是一个热点议题[5]，并且相关研究将会逐步提高多尺度分割的精度和工程实践的生产效率。

一般来说，语义影像目标与分割获得的相应物理影像基元之间的外部几何轮廓匹配程度是检验多尺度分割算法优劣的最佳标准[25,34]。对于复杂的 HSRRSI 数据[26]而言，由于地理要素尺寸和形状的多变性，以及它们之间不同的空间分布模式，一般在给定的分割尺度参数条件下，语义影像目标及其相应的物理影像基元之间很难达到协调一致[25]。

通常，大部分多尺度分割方法或算法会使用分裂或合并这种基本方式(从已实现的有关分裂或合并方法的数量来看)来实现基于对象的影像分割。在用户兴趣尺度参数或为了提取某些特定地理要素对应的尺度范围的条件下，不合理的分裂与合并 PIP 是导致与相应 SIO 出现不一致性最初的技术根源，实际上这种分割过程明显地忽略了地理要素尺度分布与共生的多样性。此外，同物异谱、异物同谱，以及过渡区光谱混合像元等现象是造成不同尺度参数条件下产生误分割的主要内在因素。遗憾的是 HSRRSI 数据相比于其他遥感影像数据对地理要素特征的描述更加复杂，由这些内因造成的影响也将更加普遍地发生在 HSRRSI 数据处理的过程中。此外，基于 PIP 特征的有关待识别 SIO 的定义必须根据图像理解工程的层次性特点来给定[15]；该定义过程将涉及语义粒度与实际分割获取语义影像目标的可操作性，显然该过程不应超越计算机识别能力的水平，基于当前最新技术实现类似人眼一样进行尺度自由变换的需求是不现实的。对于一组由微型景观结构组成的语义影像目标群，需要通过基于空间景观结构分析方法，以及地理空间逻辑推理的方式给予识别和理解[35]，而仅仅依靠合并(或分裂)物理影像基元来获得属于更高(或更低)尺度层次的微型景观(语义影像目标)是不切实际的[27]。

基于高空间分辨率遥感影像数据自身特点选择适当的语义影像目标尺度粒度(如最小可识别单元)是影响多尺度分割效果评价的一项关键因素。一般来说，语义影像目标的尺度层级数由待分割影像自身特征决定，其中隐含的尺度层级数一般也是固定的。例如，图 4-1 举例说明了语义影像目标(操场)及与之间相应的物理影像基元(指分割获取的足球场基元、跑道基元、主席台及其阴影基元等)之间的关系。显然，寄希望于不同尺度层级物理影像基元的合并(或分裂)操作很难获得语义影像目标(操场)的分割结果(操场具有更高的尺度粒度),而通过利用空间景观格局分析和逻辑空间推理或许能得到更为合理的结果。

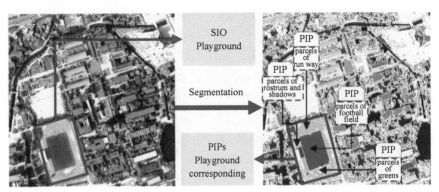

图 4-1　操场语义影像目标及与之对应的物理影像基元

4.2.2　存在问题

为不同的语义影像目标(SIOs)选择合适的分割尺度,并智能地把它们(SIOs 或 PIP 值)结合在一起,这对目标应用,以及能得到合适的分割结果是两个至关重要的问题[32]。目前,算法执行的效率、多尺度分割过程中的尺度计算问题不仅应考虑 HSRRS 的光谱和几何特征,而且也要考虑空间关系,特别是地理空间对象的重要性,共享在主要研究的空间范围内相邻 SIOs 之间的小区域。例如,在面积指数(许多算法使用像素的数量来测量尺度)的约束下简单地拼接和分割物理影像(或语义影像目标)显然是不够的。

目前,已提出的最新的尺度计算参数模型和方法无法有效地避免上述问题。例如,多尺度分割方法[7]利用尺度组合标准已经融入在绝大多数识别软件中[20],虽然用形状(密实度和平滑度)和光谱统计指标来约束物理影像的生产,但是这些参数无法获取自适应性,而且这些参数实际上是通过实践经验或多次的迭代随机尝试来选择的,这导致在实际工程应用中的不便与时间的耗费。

图 4-2 展示了一个现有的基于自动识别多尺度分割算法的分割实例[7],这明显地说明了在较小的尺度下湖泊被过度分割,而小型的地物空间特征却能分割得很好;但是,在更大的尺度下湖泊被分割得很好,而小型的地物空间特征却被错误融合(或分割不充分)[26]。事实上,相应的物理影像(或单纯的语义影像目标)的地面特征点在每次分割过程中应共享不同的尺度水准,这才能得到合理、正确的分割结果。

关于这个实验,可以说参数范围起一个很重要的角色,但是它很难精确的设置,操作员也可能会被迭代随机尝试所困扰。最终,操作员也别无选择,只能依靠长期生产实践得到的经验来设置。

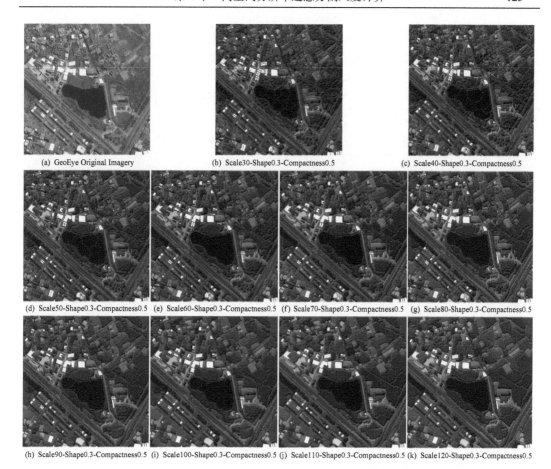

图 4-2　影像(a)是大小为 1024×1024 像素，0.5m 分辨率，多光谱标准波段(红、绿、蓝和近红外)，位于泉州郊区的一幅 GeoEye 卫星影像。影像(b)~(k)是通过 ecognitationR 多尺度算法[32]在不同的尺度(范围 30~120，0.3 形状和 0.5 密实度)获得的分割结果

显然，由图 4-2 所示的语义影像目标(道路、房屋、绿地、湖泊等)在分割过程中应共享多尺度属性，它们在相同或相似的尺度层级下分割，只是为了提取某些地理特征(像误分割一样，忽略其他语义图像目标存在)；它们实际上需要同时同等地关注每个语义影像目标，每个语义影像目标通过影像自身的特点(如图像分辨率、几何形状的轮廓、地理特征类别)客观的确定。分割算法的参数设置过分依赖经验和迭代随机尝试，将导致降低分割过程的自动化水平和分割结果的精度。此外，参数过度的依赖性和不确定性，以及在每一次分割过程中处理一个单一的地理目标或特征类别，这些原因将会严重影响多尺度分割算法的普适性[26]。

因此，研究人员相信，一个理想的能达到目的的尺度计算将基于单幅影像自身的特点，自适应地获取每一个地理空间的特征目标(而不是类)。在大面积空间区域上，地理语义特征对象有着复杂的几何形状和尺寸，所以再用了一组全局固定的尺度参数计算后，很难保持 PIP 值对应的语义影像目标的几何特征(例如，用在自动识别的多尺度算法中的尺度参数)。为了保持数据集(通常它包含许多的语义影像目标)中每幅语义影像目标的几何形状完整性，尺度计算算法提供了一个个性化的参数方案，通过合理的尺度，可用于获得一个独特的与语义影像目标一致的自适应尺度参数。

正如 Hay[44]等所指出的那样，真正的挑战是定义组成一个场景的不同大小、形状和空间分布影像目标的合适的分割参数（通常基于光谱同质性、大小或两者），以便产生的分割数能满足用户的需求。鉴于以上内容，自适应地对高分辨率遥感影像多尺度分割的尺度参数进行精确计算，已经成为 GEOBIA 领域亟需解决的一个重要的科学问题。

4.3　遥感影像分割尺度计算分析

4.3.1　尺度计算基础理论

1. 地理学第一定律

"一切事物是相互关联的，距离近的事物之间比距离远的事物之间具有更多的相关性——Tobler 第一定律（TFL）"[41,45-46]。在 GEOBIA 研究领域，对于一个特定分割生成的物理影像基元空间同质性的问题，它通常包含相邻像素共享相同的几何和光谱特征模式，以及属于特定语义影像目标的相同空间位置。对于毗邻的物理影像基元之间差异的问题，与 TFL 的"相关和邻近"问题形成对比，Goodchild[47]提出并强调了地理要素特征间地理学第二定律的空间异质性。为了推进 TFL 更广泛的应用，明确地理解和表达间隔与接壤，Li 等[48]提出了时空邻近的概念。显然，对于遥感影像的多尺度分割，与空间同质性和空间异质性描述相关的定律将从一定角度描述有关影像分割的尺度问题。

此外，如何根据这些理论实现物理影像基元同质性和异质性测度的相关方法，是自适应获取分割尺度的核心问题。定量分析技术[49,50]对"相关和邻近"问题的距离和邻接关系的相关分析是必需的。例如，Moran 指数和局部空间相关性统计指数[45]可同时获取空间相关性和异质性[51-53]，此外空间交互技术[54-56]，以及空间选择模型法[41]也可用于识别空间异质性。

2. 电磁辐射与光谱特征

遥感信息提取取决于所观察得到的从地球表面反射或发射的地理要素电磁辐射特征，以及能量差异[57]。自然界的一切事物都有各自独特的反射、发射和吸收电磁辐射的能力；这些光谱特征如能被巧妙利用，可用于事物区分或者获得关于要素形状、大小，以及其他物理和化学性质信息[58]。在多尺度分割过程中，地面要素的光谱和辐射特征及其差异，一般是构建分割基元同质性或异质性准则最原始的特征。通常，具有较大光谱变异属性特点的高空间分辨率遥感影像，经常会发生不同的语义影像目标具有相同的光谱特征，或某一单独的语义影像目标内部包含不同的光谱特征，这种情况对在测定同质性或异质性的分割尺度计算过程中是十分不利的影响因素。实际上，由于高空间分辨率遥感影像（HSRRSI）具有更高的空间分辨率，语义影像目标通常由各种复杂方式排列的材料组成；在这个空间分辨率级别上，构成地面要素的材料通常与可获得的光谱类别没有直接关系[59]。

事实上，在电磁辐射和光谱特征计算领域已有大量的研究成果，这里不在赘述。本节仅简述了一些基础性的领域和原理，分割尺度计算相关理论并不限于此，在特定条件下，也应考虑其他理论和方法。

4.3.2 遥感影像分割尺度计算方法体系

到目前为止，相关文献已经提出了诸多尺度计算方法来选择多尺度影像分割的最优尺度参数；但由于高空间分辨率遥感影像数据自身的复杂性、地理要素尺寸与形状的多变性，以及它们不同的空间分布模式，导致很难构建一个全局尺度参数计算模型并在大尺度地理范围来有效地引导多尺度分割参数的设定。考虑到人机交互的智能化水平，以及依据影像分割质量评估来确定分割参数的方式，分割尺度计算方法可以分为监督分类和非监督分类两大类[60]；除了标准的视觉评估外，非监督分类方法一般会进行分割参数的自我修正[43]。

尺度计算方法一般可按知识驱动型(基于尺度计算理论、方法与技术等)或者更广泛性的数据驱动型(数据的来源、特征、人机交互度等)进行分类，下面分别介绍这两种分类体系。

1. 数据驱动型分类体系

一般来说，数据驱动型尺度计算方法体系可基于以下3方面考虑进行分类(图4-3)：①数据源或影像类型；②处理过程中人机交互的程度；③尺度在分割结果中的表示方式。

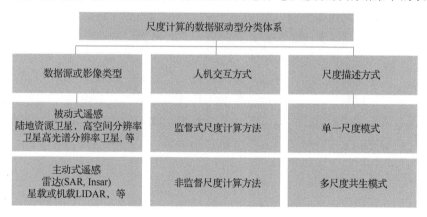

图 4-3　尺度计算的数据驱动型分类体系

1) 基于数据源或影像类型

基于准则(1)划分的方法可依据不同的传感器或影像类型；此外，目前具有互补性的不同传感器或影像类型的数据已经被集成用于多尺度分割尺度参数的计算。例如，光学倾斜遥感影像数据结合机载激光雷达数据是一种很有前景的研究领域。事实上，数据源或影像类型的特点将在一定程度上决定尺度计算方法的选择。

2)基于处理过程中人机交互的程度

准则(2)区分的方法，尺度计算的人机交互过程需要依据知识或经验(监督模式)进行，而通过数据驱动模式的处理方式一般无需任何人机交互过程(全自动或非监督模式)。显然，监督模式缺乏普适性，很难适应高分影像地面要素，以及它们之间的差异，需要依赖更多的人工操作经验。对于监督模式，eCognition®的多尺度分割算法可视为一个著名的实例[20]，该算法基于分形网络演化法的原理提出[84]。在该多尺度分割算法中，分割尺度是一项非常重要的控制分割过程的参数，该参数通过调整异质性上限阈值来决定影像目标的平均尺寸。事实上，该分割尺度参数是一个抽象值，用来确定由多个物理影像基元合并引起的最大可能的异质性变化，它是用户基于实践经验并通过重复试验选择的似最优尺度参数。

3)基于分割尺度的表达形式

准则(3)分类过程以尺度最后的表达方式为依据。换句话说，在每一次分割过程中获得的所有地面要素语义影像目标的尺度模式(通常影像中一般分布着属于不同尺度层次的地物要素)，将被描述为单一尺度模式(兴趣尺度或排它性尺度，仅着重于描述一个或一类要素对应的分割尺度)或者多尺度共生模式(共生尺度，可同时描述多个或多类要素对应的分割尺度)。共生尺度计算随影像上的要素类别，以及地理对象的空间化特征而随机分布。

在单一尺度模式下，为了得到某一类要素(或某个地物对象)理想的分割结果，该类要素将在相应的兴趣尺度参数(或给定的某一尺度域内)条件下分割而忽略其他要素类型(图 4-2)；继而通过进行多次分割操作获得属于不同尺度层次语义影像目标的多尺度分割结果。

事实上，上述情况也适用于复杂的场景，特别是当高分影像中包含不同要素类别且具有不同尺寸的地理对象时，多尺度分析和描述就需要不止一个合适的尺度参数来解释不同层次景观结构的组织方式[31]。显然，不同尺度层次对应的每一次分割过程中，共生尺度模式是基于地面要素特征的多尺度分割理想的模式。

2. 知识驱动型分类体系

正如 4.1 节所述，一般分割尺度计算方法均基于空域特征或光谱域特征进行。基于尺度计算过程涉及的理论、方法与技术可将尺度计算方法分为以下 3 种类型，即空域尺度计算方法类、值域尺度计算方法类，以及混合集成方法类，如图 4-4 所示。

1)空域尺度计算方法

空域尺度计算试图获取某一地理空间范围内语义影像目标的尺寸参数，继而在一个特定地物目标的分割过程中提供参考参数。地理空间范围约束(空域尺度)会给分割算法指出引导搜索相邻同质性像元的空间范围,而不是盲目地搜索地理要素的地理空间边界。目前,一些研究方法已被用于影像分割中的空域尺度参数计算。

a. 半方差和合成半方差法

半方差法由 Markowitz[61]于 1959 年提出,该方法作为一种有效的多元化投资组合选择的统计工具而被发现,随后被扩展应用到了其他研究领域。

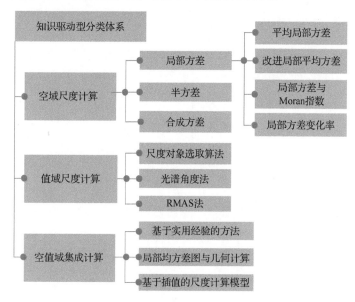

图 4-4　尺度计算的理论与方法驱动型分类体系

Ming 等[62]基于均值漂移分割算法,提出了一种基于空间统计的空域带宽(空域尺度)选择方法。他们将 IKONOS 和 QuickBird 全色影像作为实验数据,研究利用半方差方法来计算均值漂移分割的最优空域带宽[63]。为了验证该方法并研究半方差与分割空域尺度之间的内在联系,基于分割影像基元内部的同质性,以及彼此之间的异质性进行研究,实现了对影像分割效果的初步评价;同时,分割评价结果基本上支持基于半方差函数进行空域尺度参数选择的这种方法。因此,基于半方差的空域带宽选择方法对于分割尺度参数的预估计具有现实意义,从而有助于提高基于对象影像分析的性能和效率[62]。

半方差 $\gamma(h)$ 表示为

$$\gamma(h) = \frac{1}{2N(h)} \sum_{i=1}^{N(h)} \left[X(i) - X(i+h) \right]^2 \tag{4-1}$$

式中,h 为空间采样间隔量,由于在距离和方向上各向异性的存在,一般 h 为一个多维矢量;$X(i)$ 为位置 i 处的样本特征值;$X(i+h)$ 为距离 $X(i)$ 采样间隔 h 处的另一样本值;$N(h)$ 为 $X(i)$ 与 $X(i+h)$ 对应的总数量[59]。

正则化半方差函数图,如图 4-5 所示,采样间隔 Lag(h)(阈值自相关)与地表要素特征尺度相关。在幅度范围(range)之内,变量之间存在自相关,而超出了幅度范围,自相关特性将逐渐衰退;详细情况请参阅《采矿地质统计学》[62]。因此,幅度值可被视为变量(像元)之间相似性(同质性)的测度,可以用于表示一个地理空间实体的大小、一种空间现象或一种空间模式。此外,半方差函数法有两个假设:一是空间稳定性假设,即尽管空间位置发生变化,但均值和方差保持不变;二是空间遍历性假设,即所有采样点都在测度空间内且对整个影像的参数统计进行无偏估计。

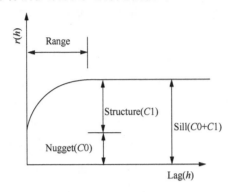

图 4-5 正则化半方差函数图

为实现细节特征丰富的高空间分辨率遥感影像多尺度分割,将合成半方差 $\Delta\gamma(h)_i$ 的增幅与 h 的对应变化作为测定幅度范围的标准[59]。更具体地说,将幅度范围(尺度)视为采样间隔 h_i 与 $\Delta\gamma(h)_i$ 之间的对应;随着 h 的增加,$\Delta\gamma(h)_i$ 的值要小于或等于 0。可通过下面的公式计算 $\Delta\gamma(h)_i$:

$$\Delta r(h)_i = r(h)_i - \Delta r(h)_{i-1} \tag{4-2}$$

式中,i 为半方差函数采用不同采样间隔所对应的计算次数[59]。

显然,半方差函数法作为一种空域尺度的计算方法及技术应用,在一定程度上实践了 Tobler 第一定律。但是,作为一种经典的地理空间统计方法,半方差法不可避免地受同物异谱、异物同谱,以及过渡区混合光谱像元等问题的影响。

b. 局部方差

局部方差法由 Woodcock 等[64]于 1987 年提出,它使用一个 $n\times n$ 的模版窗口来检测影像区域特征变化,并揭示影像空间结构。在先前研究成果中[65-67],局部方差法通常利用一个 $n\times n$ 像素大小的移动模板,为每个像素计算对应模版窗口标准差的平均值;然后,计算整个图像所有局部方差的均值,将其视为一幅影像局部变化的指数。

计算平均值 F 及方差 S^2 的基本公式如下:

$$F = \frac{\sum_{i=1}^{M}\sum_{j=1}^{N} f(i,j)}{MN} \tag{4-3}$$

$$S^2 = \frac{\sum_{i=1}^{M}\sum_{j=1}^{N}[f(i,j)-F]^2}{MN} \tag{4-4}$$

式中，M 和 N 为图像的宽度和高度；$f(i, j)$ 为位置 (i, j) 处像元的光谱特征值[66]。

一般来说，在模版窗口操作过程中，邻域像元与模版中心像元的特征相似性降低则局部方差增大[64]；这一特性在某种程度上描述了光谱异质性（或同质性）的空间分布特征。遗憾的是，理论上在平均方差统计图中应有一个明显的峰值，然而在实际应用计算中并非如此[68]。为解决该问题，基于可变窗口大小和可变分辨率提出了一种改进的局部平均方差法[69]。这种改进的局部平均方差法通过对整尺寸（n 取整数）模版窗口的 Kringing 插值来获取非整数尺寸窗口的数值[70]。改进后的局部平均方差法，对处理具有空间规则形状分布的人工景观格局更有效，如城市景观和农业景观等[68]。

Kim 等[52]于 2008 年提出了一种利用局部方差和 Moran 指数[71,78]来为基于 eCognition® 的林业树木分割估计最优尺寸的方法[20]。他们假定影像基元的平均方差值可用曲线图表示为有关影像基元大小的函数，并且可提供有关语义影像目标的最优分割尺度参数[52]。

通过将分割获取的物理影像基元与手动解译得到的林业分布图进行目视比较，并依据影像目标的平均大小和数量来检查分割质量[20]。此时，通过平均局部方差曲线图来表示分割尺度，然后据此来确定语义影像目标的最优尺寸[20]。此外，通过空间自相关分析来探究在过分割、最优分割和欠分割时物理影像基元之间相关性的变化。由基于遥感影像（IKNOS）分割基元的近红外波段平均值计算获得的 Moran 指数来分析多尺度条件下物理影像基元之间的空间自相关性[52]。实验结果表明，尺度函数图像与物理影像基元的自相关性相对应，最优尺度可由与物理影像基元间最小自相关数（负的）对应的尺度来表示，而过分割和欠分割则与正自相关值相对应[52]。局部方差将从分割得到的物理影像基元获取，研究结果对理解如何利用局部方差、空间自相关和语义影像目标数量来估计随多尺度的影像空间结构的变化尤为重要[52]。

显然，上述尺度计算方法应归属于兴趣尺度（或排斥尺度模式）类别体系，每一次分割时会集中于利用针对某一类地理要素（或某一个地理对象）的最优尺度进行分割。事实上，多尺度分析和表达需要不止一个合适的尺度参数来解释不同层次的景观结构与组织。这同样适用于复杂的场景，特别是当它们包含不同类别不同大小的地理目标时[57]。

为了将局部方差的概念扩展到多尺度分析，Drăgut 等[57]于 2010 年提出了一种称为尺度参数估计（ESP）的工具，该方法以局部方差来描述影像目标异质性。影像目标内的异质性程度由一个主观性的尺度参数来衡量和控制，类似于 eCognition® 多尺度分割算法中的尺度形式。ESP 工具通过自底向上的迭代方式生成多个尺度层级下的物理影像基元，并计算每个尺度层级对应的局部方差；继而通过评估相应尺度条件下的局部方差来探究空间异质性的变化情况。局部方差变化率阈值（ROC-LV）用来描述在该尺度层级条件下影像将以最适当的方式进行多尺度分割[50]。ROC-LV 定义为

$$\text{ROC} - \text{LV} = \left[\frac{L - (L-1)}{L-1} \right] \times 100 \quad (4\text{-}5)$$

式中，L 为兴趣尺度层对应影像的局部方差；L–1 为下一尺度层级对应影像的局部方差。假设 ROC-LV 曲线图中的各个峰值代表地理要素层级，则在该尺度层级体系下影像将以

最恰当的形式进行多尺度分割。ROC-LV 曲线峰值点对应的物理影像基元与相应的同质性特征相匹配[57]。

利用 ESP 法对不同类型的影像(LiDAR: DSM; 彩色航空影像: 红色波段; QuickBird: 近红外波段)进行了测试实验(图 4-6), 结果显示, 该方法具有快速的处理时间和精确的结果[57]。

ESP 法在一定程度上改进了局部方差法, 并且 ROC-LV 曲线图支持多尺度参数信息的提取; 此外, 该技术将有助于影像分析人员和研究人员在影像分割时选择最合适的尺度参数范围。

目前, ESP 法已经在单波段影像的多尺度分割中得到应用, 但仍需改进以适应多波段影像特点。此外, 受 eCognition®软件多尺度分割算法的限制, ESP 算法的 6 个参数是需要用户进行自定义设置的[50]: ①尺度参数步长; ②尺度参数初值; ③分割过程中对象的层次结构; ④循环次数(即选择最优尺度所需的实验次数); ⑤形状权重; ⑥紧凑度权重。显然, 在实际工程应用中, 需要设置的参数越多, 复杂环境下制图人员就越容易被混淆。可见, 基于 ROC-LV 获得合适的尺度参考范围就意味着需要进行一系列的分割实验测试过程; 因此, ESP 法应归属于兴趣尺度分类体系, 即每次分割时都会针对某一最优尺度进行。

总之, 空域尺度计算主要指基于像元空间位置, 以及排列信息等进行尺度参数计算方法的整体设计。非空域尺度计算一般不将物理影像基元内毗邻像元的空间排列等信息纳入到尺度参数的计算过程之中, 而是重点依据这些像元在特征空间中的属性信息进行尺度信息的获取。

2) 值域尺度计算方法

光谱值域范围内的尺度计算主要利用影像各波段光谱属性信息的差异来获取语义影像目标的尺度参数(光谱值范围); 该尺度参数将指导针对某一个特定地物目标或要素类型的分割过程。光谱值范围指基于像元灰度值计算或统计的语义影像目标的光谱差异变化范围, 一般包括单波段模式(标量类型)和多波段模式(矢量类型), 通常可通过分类法或阈值法来获取。光谱值范围将用于指导分割算法在特定值域范围内搜索同质性像元, 并在一定程度上指明相邻像素之间的光谱差异。目前, 实际应用中已经提出了多种基于光谱值域尺度参数来指导多尺度分割的方法。

a. 尺度对象选取算法

尺度对象选取算法(scale object selection, SOS)[62]融合非监督层级分割和基于像元的监督分类而实现。该方法主要研究分类过程中整个分割尺度层次的构建情况, 分析并确定针对不同兴趣尺度层级对应的分类精度是否得以提高, 而非仅仅考虑某一次分割尺度对应的分析结果。在分割层次架构中, 算法从空间细节信息稀疏的尺度层级开始处理数据, 直至生成最后的分割结果图。在每个分割层级上, 每当像素在物理影像基元中的占比属于后者时就会被认定归属于某一特定的类别, 若超出预定义的阈值, 则对于每个物理影像基元的分类都会自动选择最合适的尺度层级。

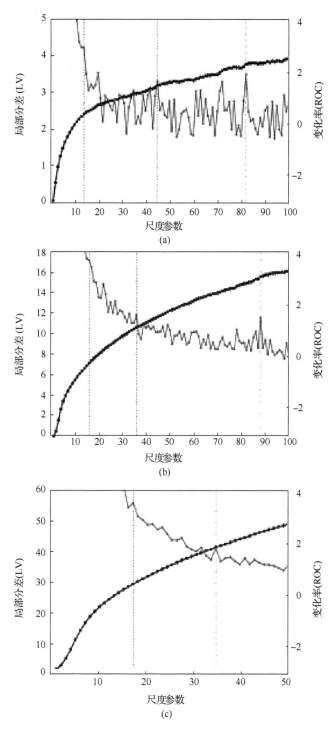

图 4-6 ESP 实验结果[62]

(a) 混合住宅区/林地区；(b) 草原河岸区；(c) 居民区。图表描述了随着尺度参数(scale parameter)的增大，局部方差(LV)变化曲线(黑)和局部方差变化率曲线(ROC)(灰)。虚竖线表示每个场景选择的最优尺度参数

SOS 算法主要由 3 个步骤组成[31]：①非监督层次架构分割；②基于像元的监督分类（最大似然法）；③影像基元分类。非监督层次分割由以下步骤组成：①K-均值聚类[59]；②采用 Jeffries-Matusita 距离作为集聚准则[72]；③对每一聚类层级进行分割[74]。在每个层级中，分割将类簇转换成对应的物理影像基元，构成这些物理影像基元的像素具有以下两个属性：属于同一类(像元均由分割按层级进行标记聚合)并且空间毗邻。在层级聚类过程中，Jeffries-Matusita 距离被用于计算类簇之间的可分性。SOS 算法在每次迭代过程中进行类簇而非物理影像基元的合并操作，同时隐含地将空间信息融入到针对兴趣尺度条件下的分类过程。

b. 光谱角度算法

Yang 等[75]于 2014 年提出了一种基于光谱角度的多波段非监督分割尺度参数选择方法。该方法利用所有的多光谱波段数据来选择合适的分割尺度参数，通过计算物理影像基元中每组像元之间相应的光谱角度来测度基元内的光谱同质性。随着尺度参数的递增，物理影像基元的光谱同质性不断降低，直至它们与现实世界中的语义影像目标相一致。

光谱角度是对每组像素进行光谱比较的一种常见的距离测度量[76]。每个像元向量均有一个特定的长度和方向。向量的长度代表像元亮度，而方向则表示像元的光谱特性。不同的亮度主要影响像元向量的长度，而每组像元之间的光谱角度则由相应向量之间的夹角来测定[76]。光谱角度的定义如下：

$$\Theta_{(a,b)} = \cos^{-1}\left(\frac{\sum_{i=1}^{n} a_i b_i}{\sqrt{\sum_{i=1}^{n} a_i^2 \sum_{i=1}^{n} b_i^2}}\right) \quad (4\text{-}6)$$

式中，n 为波段数量；a_i 和 b_i 分别为两个像元的光谱特征值 I。由于光谱角度量化了两个像元之间的光谱差异，所以可用它来测度光谱同质性。两个像元光谱矢量越相似，它们之间的光谱角越小。用于分割尺度参数选择的平均光谱角度指数 Θ_{AMEAN} 可由式(4-7)计算得到：

$$\Theta_{\text{AMEAN}} = \frac{\sum_{j=1}^{m} \Theta_{\text{seg}_j}}{m} \quad (4\text{-}7)$$

式中，m 为整幅影像中物理影像基元的个数；Θ_{seg_j} 为第 j 个物理影像基元的光谱角指数[76]。

随着尺度参数的增加，物理影像基元的光谱同质性逐渐降低，而平均光谱角度指数却逐渐增大。为了获取光谱同质性随尺度层级变化时的情况，关于尺度参数 $l\Theta_{\text{AMEAN}}$ 的导数按如下公式计算：

$$\dot{\Theta}_{\text{AMEAN}}(l) = \frac{d\Theta_{\text{AMEAN}}(l)}{dl} = \frac{\Theta_{\text{AMEAN}}(l) - \Theta_{\text{AMEAN}}(l - \Delta l)}{\Delta l} \quad (4\text{-}8)$$

式中，$\Theta_{\text{AMEAN}}(l)$ 为分割尺度参数 l 对应的平均光谱角度指数。基于上述内容，当分割尺度参数 $(l-\Delta l)$ 获取的物理影像基元与分割尺度参数 l 对应的分割结果接近时，$\dot{\Theta}_{\text{AMEAN}}(l)$

通常大于 $\dot{\Theta}_{AMEAN} = (l - \Delta l)$ 和 $\dot{\Theta}_{AMEAN} = (l + \Delta l)$。因此，$\dot{\Theta}_{AMEAN} = (l)$ 函数曲线会出现一个局部峰值(LP)。一个局部峰值(LP)将被认为是多尺度影像分割中一个恰当的尺度参数标志。为突出表达每个峰值，LP 指数 I_{LP} 可由以下公式推导出：

$$I_{LP} = \left(\Theta_{AMEAN}(l) - \dot{\Theta}_{AMEAN}(l - \Delta l)\right) + \dot{\Theta}_{AMEAN}(l) - \dot{\Theta}_{AMEAN}(l + \Delta l) \tag{4-9}$$

在这项研究中[76]，当相对更大的 LP 值(即更高的 I_{LP} 值)出现时，相应的尺度参数被认为是更合适的分割尺度参数。因为当不同尺寸大小的地面目标共存于一幅影像中时，多尺度分割中一般将会同时出现多个 LP 值[75]。

c. RMAS 算法

RMAS 法[ratio of mean difference to neighbors (ABS) to standard deviation, RMAS][81]基于对两个尺度选择方法(局部方差法[64]和最大面积法[9])的局限性分析，以及根据最佳分类准则"类内同质性，类间异质性"而提出。该方法当 RMAS 最大时，使得类内异质性最小而类间异质性最大，从而达到分割尺度的最优结果。实验结果表明，一般 RMAS 曲线中会出现多个局部峰值点，并且最优尺度通常会分布于一定数值范围之内。具体尺度计算公式定义如下：

$$\text{RMAS} = \frac{\Delta C_L}{S_L} \tag{4-10}$$

$$\Delta C_L = \frac{1}{l} \sum_{i=1}^{n} \sum_{j=1}^{m} l_{sj} \left| \overline{C_L} - C_{Li} \right| \tag{4-11}$$

$$S_L = \sqrt{\frac{1}{n-1} \sum_{i=1}^{n} (C_{Li} - \overline{C_L})^2} \tag{4-12}$$

式中，L 为波段的个数；ΔC_L 为 L 波段物理影像基元 s 的 C_{Li} 与 $\overline{C_L}$ 差的绝对值的平均值；S_L 为物理影像基元的标准差；C_{Li} 为 L 波段像素 i 的灰度值；$\overline{C_L}$ 为 L 波段的平均灰度值；n 为物理影像基元所包含像元的数量；m 为与 s 毗邻物理影像基元的个数；l 为物理影像基元 s 的周长；l_{sj} 为物理影像基元 s 与 j 毗邻的边界长度[79]。

从整个尺度计算方法分类的角度来看，RMAS 法显然属于单一尺度模式(兴趣尺度)和非监督尺度计算方法体系。

3) 空值域集成式方法类

一般来说，空值域集成尺度计算是为了获得更精确的尺度计算结果而提出的，是一种基于集成多属性特征计算的方法。例如，出于特征优势互补的综合考虑，集成尺度计算法不仅可利用空间信息，还可同时综合光谱信息来获得尺度参数。

a. 局部均方差图(ALV)与几何计算

Ming 等[69]于 2015 年为基于对象信息提取的均值漂移图像分割算法提出了一种空间和基于光谱统计协同的尺度参数选择方法。该方法的主要思路是利用局部均方差图(ALV)代替半方差图[62]来预测最优空域带宽。接下来，分别基于 ALV 直方图和简单的几何计算来选择最优值域带宽以及合并阈值。

b. 基于实用经验的方法

Cánovas-García 等[80]于 2015 年基于实用经验提出了一种尺度计算方法，该方法包括对一些适合分割特征的量化操作，以及计算可使属性特征最大化的尺度参数。他们强调运用综合方法来解决研究课题所面临的一些实际问题：①在利用多尺度特性方面，该方法强调使用统一的空间单元来优化局部尺度参数，而不是整个图像对应的尺度参数。②在利用多数据源方面，包括了从地图数据库中获得的辅助信息。③在利用分割方法方面，使用多种分割算法参与计算。

该方法[79]的主要目的是为了优化用于多分辨率分割的尺度参数[7]。由于缺乏先验性的有效准则来确定最优分割参数，所以该方法提出了一种利用多分辨率分割算法提取基本目标的步骤，并主要基于对多次分割结果的统计来进行分析。通过这些分析结果[79]，继而可以得到一个较为通用的决策准则。在实用经验方法中，该准则将获取相对于特定尺度参数最优分割的最大化经验属性特征。考虑到实验研究区域较大的地理范围和特征异质性，该方法在遵循 Espindola 方法[53]的原则上进行改进，以便提供更好的分割结果。总之，不同之处在于使用改进后的 Geary 系数来计算外部异质性特征[50]而非基于 Moran 系数，因为前者将目标对象的变化也考虑在内；与其他基于对象影像分析相关研究方法不同的是，该方法选择了局部法(同质性空间单元)而非全局法(整个图像)[80]。

c. 基于插值的尺度计算模型

Min 等[79]于 2009 年提出了一种基于尺度计算模型来获取多分辨率分割[7]中最优尺度参数的方法。该方法使用标准差作为内部同质性的测度依据，使用 Moran 自相关指数作为外部异质性的测度依据[53]，具体公式可以表示为

$$V = \frac{\sum_{i=1}^{n} a_i v_i}{\sum_{i=1}^{n} a_i} \tag{4-13}$$

$$I = \frac{n \sum_{i=1}^{n} \sum_{j=1}^{n} w_{ij}(y_i - \bar{y})(y_j - \bar{y})}{\sum_{i=1}^{n}(y_i - \bar{y})^2 \sum_{i \neq j} \sum w_{ij}} \tag{4-14}$$

式中，n 为物理影像基元的总数；a_i 和 v_i 分别为物理影像基元 i 的面积和方差；w_{ij} 为物理影像基元 i 和 j 之间的关联权重，分别用 1 或 0 代表彼此的邻接关系；y_i(或 y_j)为物理影像基元 i(或 j)的光谱均值；$\bar{y}$ 为整幅影像(或特定波段)的光谱均值。因此，影像分割质量函数 $F(V, I)$ 的定义如下：

$$F(V,I) = (1-\rho)F(V) + \rho F(I) \tag{4-15}$$

$$F(V) = \frac{v_{\max} - v}{v_{\max} - v_{\min}} \tag{4-16}$$

$$F(I) = \frac{I_{\max} - I}{I_{\max} - I_{\min}} \tag{4-17}$$

式中，$F(V)$ 和 $F(I)$ 分别为物理影像基元的内部同质性和异质性；ρ 为 $F(V)$ 和 $F(I)$ 之间的权重，值域为 0~1；函数 $F(V, I)$ 主要用于对一系列尺度相对应的初步分割结果的质量评价，该方法尝试利用插值函数的思路得到一系列尺度与对应分割结果之间的质量评价关系。尺度计算模型 $h_i(x)$（或质量评价函数）的定义如下：

$$h_i(x) = a_0 + a_1 x + a_2 x^2 + \cdots + a_n x^n \tag{4-18}$$

$$h_i(x_i) = F(V_{xi}, I_{xi}) \tag{4-19}$$

式中，$h_i(x)$ 为插值函数，用于评估尺度 x 条件下的分割质量；参数 $a_0, a_1, \cdots, a_n$ 可通过 $F(V, I)$ 插值得到，而 $F(V, I)$ 则与 $(n+1)$ 个分割实验相对应，最优尺度将与插值函数 $h_i(x)$ 的最大值相对应。

Hu 等[81]于 2010 年基于前述研究[81]提出了一种改进的尺度计算模型，该模型通过引入周长（如图形指数的测定）和面积因素，预先考虑了语义影像目标与相应物理影像基元之间的一致性。该模型主要考虑了周长和面积因素对分割结果的影响，类似于式(4-13)或式(4-14)可表示为

$$N = \frac{\sum_{p=1}^{m}(S_p - S_{0p})^2 (L_p - L_{0p})^2}{\sum_{p=1}^{m}(S_{0p})^2 (L_{0p})^2} \tag{4-20}$$

式中，m 为样本总数；S_{0p} 和 L_{0p} 分别为语义影像目标的面积和周长；S_p 和 L_p 则分别为相应物理影像基元的面积和周长。样本主要用来检查语义影像目标和其对应的物理影像基元之间的一致性。作为一个递归创新，之前的质量评估函数 $F(V, I)$ 可改进为

$$F(V, I, N) = F(V) + F(I) + F(N) \tag{4-21}$$

$$F(N) = \frac{N_{\max} - N}{N_{\max} - N_{\min}} \tag{4-22}$$

于是，尺度计算模型 $h_i(x)$（或质量评估函数）可定义为

$$F(V, I, N) = a_0 + a_1 x + a_2 x^2 + \cdots + a_n x^n \tag{4-23}$$

显然，从高层次分类的角度考虑，基于插值的尺度计算模型归属于监督分类方法体系。

3. 尺度相关问题（最小制图单元）

考虑到基于 GEOBIA 的 GIS 数据实际生产过程，遥感数据自身的属性特征（如影像空间分辨率）将在一定程度上约束相应的制图或地图尺度。换句话说，最小制图单元（或最小可制图面积）将通过遥感数据自身特点隐式地给出；因此，为了生产对应的 GIS 地图数据，需要依据影像空间分辨率确定相应语义影像目标的最小尺寸或空间范围。根据一幅地图中最小语义影像目标尺寸计算需求，与最小语义影像目标分割尺度计算相关的空间和光谱特征均隐含于遥感影像数据自身。特别是在分割尺度计算过程中，与最小制图单位相应的物理影像基元的尺度域或合并阈值也将由影像数据自身特征决定，并在整幅影像范围内产生对应于最小制图面积的基本尺度层级。在这里，最小制图单元尺度（the scale of minimum cartographic unit，SMCU）明确地规定了尺度层级中最基本的尺度粒度，并且 SMCU 在整幅影像范围内约束了构成面积最小语义影像目标的物理影像基元所对应的最少像元数量。

正如 2.1 节所述，对于一幅影像中包含多个具有不同地理空间范围的一组语义影像目标，期望在分割过程中仅通过简单合并物理影像基元的方式来获得具有不同语义粒度的地物目标显然是不适宜的。

4.4 基于矢量边缘的全局尺度计算

多尺度影像分割尺度计算已成为基于对象影像分析领域一个亟待解决的关键的科学问题。由于高空间分辨率遥感影像（HSRRSI）数据自身的复杂性，以及地理要素对象之间尺度空间分布的差异性，很难设计出一个全局尺度参数计算模型来有效地引导较大地理范围内分割尺度参数的设定，同时获得一个可接受的分割结果。在利用矢量边缘特征和光谱信息的基础上，本节提出一种基于矢量边缘的自适应全局尺度计算方法（global scale computation with vector edge，GSCVE），并将该方法成功应用于均值漂移多尺度分割算法的尺度参数计算过程中。分别将 GeoEye 和 QuickBird 高分影像作为样本数据进行分割实验，并同时与 eCognition® 多尺度分割算法进行对比实验，分析验证了 GSCVE 算法的可行性。此外，实验结果表明，基于 GSCVE 的均值漂移分割算法在尺度参数自适应计算，以及对大小尺寸共生地理要素的高分影像分割结果的一致性方面要优于 eCognition® 的分割结果。

4.4.1 方　　法

1. 基于矢量边缘特征的尺度参数计算方法

1) 矢量边缘信息提取算法

由于 HSRRSI 中不同地物要素在各波段光谱响应范围的差异，导致进行矢量边缘信息提取时各波段检测结果之间存在显著不同。鉴于多色彩空间(RGB、IHS、YIQ、YUV、CIELUV 等)各自的特性，并根据多色彩空间中各波段边缘检测结果之间的加权综合[58]，提出一种基于 Canny 算子改进的可用于高分影像加权矢量，以及标量边缘提取的算法[56-57]。

2) 空域尺度计算

空域尺度参数给出了建议的空间同质邻近性范围，并能较好地对应于地物语义影像目标的尺寸大小。由于 HSRRSI 数据自身的复杂性，以及地理要素尺度空间分布之间的差异性，导致很难针对较大地理范围构建一个全局尺度参数计算模型来有效地指导分割算法空间尺度参数的设置。针对均值漂移分割算法，基于矢量边缘的线密度思想提出了一种空域尺度(空域带宽)计算模型：

$$S = \alpha \times \frac{T_{\text{info}}}{E_P \times B_{\text{info}}} \qquad \alpha \in [0, 1] \tag{4-24}$$

式中，B_{info} 为矢量边缘信息，可以通过矢量边缘提取算法[60,69]得到；T_{info} 为相关影像的全局信息；系数 α 通过微调机制提供人机交互接口，可使操作人员对自适应计算给出的尺度参数的参考值 S 进行精细调整；系数 E_P 用来消除影像边缘检测结果中的伪边缘影响。

空域尺度计算源于对语义影像目标场景复杂性进行测度的思想，一般与影像中场景的几何细节信息相对应，本节通过矢量边缘线密度估算的方式使其得以量化。

3) 值域尺度计算

光谱值域尺度通过对光谱同质性区域的检测与分析，进一步指导影像多尺度分割算法中值域尺度参数对应的光谱异质性范围的计算过程。通常，值域尺度将影响物理影像基元分类的精度，以及相应语义影像目标识别的效率。

灰度空间分布将在一定程度上反映出影像的光谱特征，而且全局尺度也与光谱值域范围密切相关。光谱值域尺度的计算公式如下：

$$R = \frac{1}{n \cdot 3N} \sum_{i=1}^{n} \sum_{j=1}^{N} \left| X_j^i - \frac{1}{N} \sum_{j=1}^{N} X_j^i \right| \tag{4-25}$$

式中，n 为总波段数；N 为影像像元的总数；X_j^i 为波段 i 中像元 j 的灰度值。

根据光谱值域尺度参数 R 的光谱异质性定义，为保证处理整幅影像过程中的健壮性原则，式(4-25)提出了基于全局值域尺度参数计算的方法。当然，在每一个物理影像基元内部具有较高同质性且与其邻域异质性可分约束条件下，光谱值域尺度参数也可以通过其他多元空间统计分析方法获取。

光谱值域尺度计算的另一种情况是局部最优问题。当多元空间统计方法趋于局部范围时，将计算出特定地理空间范围的光谱值域尺度参数[S 用于约束空间范围，可通过式(4-24)得到]，同时算法能够自适应地达到局部最优解。

4) 最小制图单元的尺度计算

基于 GEOBIA 的 GIS 数据在实际生产过程中，遥感数据自身的属性特征将在一定程度上约束相应的制图或地图尺度。换句话说，通过遥感数据自身特点及所呈现的要素类型，对应的最小地图制图单元(或最小图斑)将被限定。GIS 地图数据生产中最小地图制图单元将由影像中可辨识语义影像目标对应的最小尺寸或空间范围决定。此外，根据地图中语义影像目标的最小尺寸，与分割尺度计算相关的空间范围、光谱范围等也将由高分影像数据本身提供。尤其是在多尺度分割过程中，高分影像数据自身决定了与之相应的最小制图单元，以及相应的物理影像基元(PIP)的尺度域或合并阈值，并生成整幅影像范围内最小制图单元相对应的基本尺度层级。这里最小制图单元的尺寸(SMCU)明确定义了最初尺度粒度的层级，同时约束了由包含特定像元数的 PIP(s) 所构成的语义影像目标。与高分影像自身特征相关的 SMCU 参考值的计算公式如下：

$$S = \beta \times \frac{T_{\text{info}}}{E_P \times B_{\text{info}}} \times F_{\text{info}} \quad \beta \in [0,1] \quad (4\text{-}26)$$

式中，F_{info} 为除矢量边缘信息 B_{info} 以外的像元信息，可在矢量边缘影像的基础上计算得到[60]；系数 β 在增量微调机制的基础上提供了一个人机交互接口，使操作员通过自适应计算得到的参考值来调整参数 R。

在一幅影像中，对于具有不同空间范围的一组语义影像目标，期望在多尺度分割过程中，通过物理影像基元(PIPs)的初步合并，即可得到具有不同语义粒度层级的要素类别显然不现实。

2. 均值漂移分割算法

如上所述，在利用矢量边缘和光谱信息的基础上，我们提出了一种自适应多尺度分割全局尺度参数计算方法，称为 GSCVE。为检验 GSCVE 算法的有效性，本节以均值漂移分割算法为例，利用 GSCVE 算法进行分割尺度参数的自适应获取。

均值漂移法是由 Fukunaga 等[62]于 1975 年提出的，是一个无参密度估计、稳定和自适应的聚类算法，不需要事先得到聚类个数等先验知识。该算法已被成功引入到影像分割中[38, 63]。在这里，均值漂移分割算法中的空域带宽参数、光谱值域带宽和合并阈值与 GSCVE 算法中的 S、R 和 M 相对应。

4.4.2 实验与讨论

1. 实验数据

分别选取位于中国泉州和福州的两幅像素范围 1024×1024，大小 3M，空间分辨率 0.5m 和 0.6m 的全色波段，以及多光谱标准波段(GeoEye: R, G, B; QuickBird: R, G, B, IR)的 GeoEye 和 QuickBird 卫星影像作为多尺度分割实证研究区域(图 4-7)。

第 4 章 高空间分辨率遥感分割尺度计算 ·141·

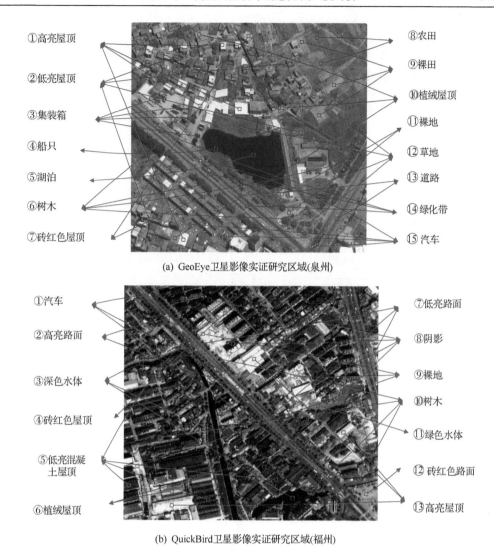

图 4-7 中国泉州和福州的 GeoEye 和 QuickBird 卫星影像实验数据

高分影像将作为原始数据用于提取矢量边缘信息,而这些矢量边缘信息将进一步作为 GSCVE 算法的输入数据用来计算尺度参数。测试实验计算机的环境配置为,英特尔(R) 酷睿(TM) i5-2400, CPU @3.10 GHz, RAM 2.85 G。如图 4-7 所示,同幅影像中属于不同类别的具有不同尺度层级的代表性地物要素已被标记。显然,研究区域包含了基本的地面要素类别,保证了实验样本的代表性和有效性。

2. 实验方法

采用 GSCVE 算法来计算空域尺度参数(S)、光谱值域尺度(R)和 SMCU 参考值(M)。然后,以均值漂移影像分割算法为实例,验证 GSCVE 在 RGB 和 IHS 两种彩色空间进行均值漂移影像分割的有效性。该方法的技术流程如图 4-8 所示。

考虑基于 GEOBIA 的 GIS 数据实际生产的需求,通常待处理的 TB 级 HSRRSI 数据集不能一次性加载到计算机存储器中，影像将根据实际情况被划分为数据块进行并行处理。在这里，GSCVE 算法可以自适应地提供与特定影像对应的全局尺度参数 (S, R, M)（如图 4-7 所示，实验数据可认为是整幅影像中的一块）。分割影像块之间的关联可以用缝合算法[82]来处理。

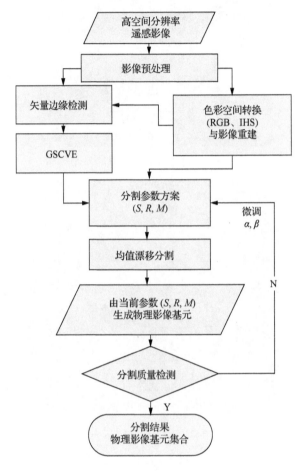

图 4-8　基于 GSCVE 尺度参数自适应计算的均值漂移分割流程

3. 实验结果

1）矢量边缘检测结果

如图 4-9 所示，基于 4.4.1 节描述的矢量边缘提取算法，分别得到图 4-7 在 RGB 和 IHS 色彩空间中的矢量边缘检测结果。

2）尺度参数计算结果 (S, R, M)

如图 4-10 所示，以图 4-9 中获得的矢量边缘信息为基础，基于 4.4.1 节提到的尺度计算方法，分别得到了图 4-7 在 RGB 和 IHS 色彩空间中的尺度参数。

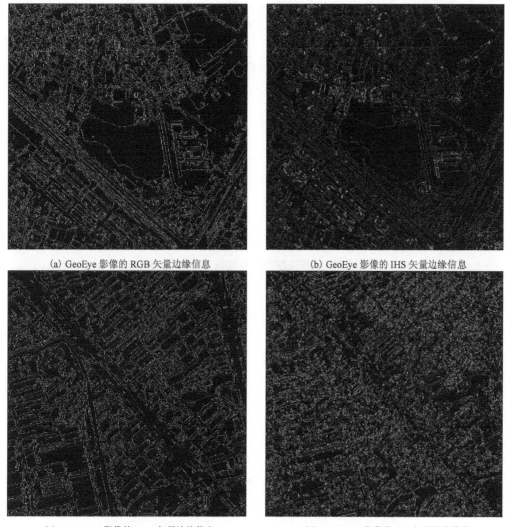

(a) GeoEye 影像的 RGB 矢量边缘信息 (b) GeoEye 影像的 IHS 矢量边缘信息

(c) QuickBird 影像的 RGB 矢量边缘信息 (d) QuickBird 影像的 IHS 矢量边缘信息

图 4-9 RGB 和 IHS 色彩空间中的矢量边缘信息提取结果

3) 影像分割结果

如图 4-11 所示,基于 Visual C++集成开发环境实现的均值漂移影像分割;基于 GSCVE 算法得到的多尺度分割参数 (S, R, M),以及自适应分割结果。

4) 影像分割结果对比分析

为了说明 GSCVE 尺度计算方法的特点并进行对比分析,对图 4-7 中的影像采用 eCognition®软件进行分割对比实验。为了尽可能得到较好的分割结果,实验利用 eCognition®软件进行了 2 幅×40 次/幅=80 次分割,得到了图 4-12 的分割结果。一般有

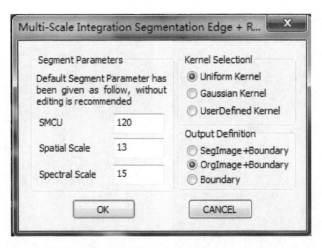

(a) GeoEye 影像在 RGB 中的参数 (S, R, M) 为 $(13, 15, 120)$

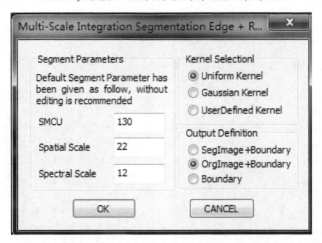

(b) GeoEye 影像在 HIS 中的参数 (S, R, M) 为 $(22, 12, 130)$

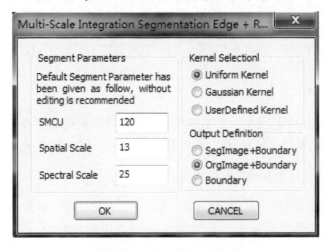

(c) QuickBird 影像在 RGB 中的参数 (S, R, M) 为 $(13, 25, 120)$

(d) QuickBird 影像在 HIS 中的参数（S, R, M）为（39, 20, 210）

图 4-10　基于 Visual C++ IDE 实现的尺度参数计算结果及程序界面

经验的操作员利用 eCognition® 软件进行分割时的次数可能会减少，但是失败的尝试性分割过程不可避免。实验中，eCognition® 多尺度分割算法参数设置的规则是，尺度（Sc）参数的范围为 30~120，间隔为 10；形状（Sh）参数的范围为 0.2~0.5，间隔为 0.1；紧凑度和平滑度参数分别等于 0.5。从 2 幅影像 80 次分割结果中各选出 3 次典型的分割结果来进行 GeoEye 和 QuickBird 影像分割结果的对比分析，具体如图 4-12 所示。

(a) RGB 色彩空间 GeoEye 影像在参数（S=13, R=15, M=120）下的分割结果

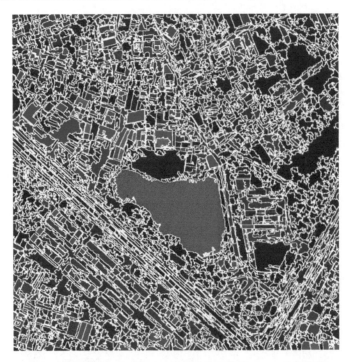

(b) IHS 色彩空间 GeoEye 影像在参数($S=22, R=12, M=130$)下的分割结果

(c) RGB 色彩空间 QuickBird 影像在参数($S=13, R=25, M=120$)下的分割结果

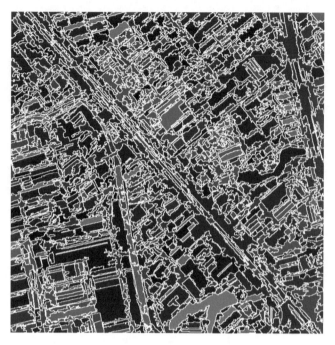

(d) IHS 色彩空间 QuickBird 影像在参数（$S=39, R=20, M=210$）下的分割结果

图 4-11 基于 GSCVE 的均值漂移影像分割结果

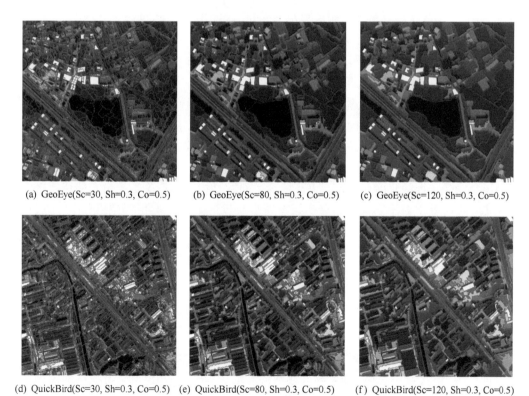

(a) GeoEye(Sc=30, Sh=0.3, Co=0.5) (b) GeoEye(Sc=80, Sh=0.3, Co=0.5) (c) GeoEye(Sc=120, Sh=0.3, Co=0.5)

(d) QuickBird(Sc=30, Sh=0.3, Co=0.5) (e) QuickBird(Sc=80, Sh=0.3, Co=0.5) (f) QuickBird(Sc=120, Sh=0.3, Co=0.5)

图 4-12 eCognition®多尺度影像分割实验结果

4. 实验讨论

鉴于工程应用中需要考虑的实际因素较多，实验对比分析及讨论主要集中在典型语义影像目标的分割次数和分割效果这两方面。

1) 分割次数

GSCVE 可以自适应地为均值漂移影像分割算法计算出空域尺度参数、光谱值域尺度参数以及 SMCU 参考值。在增量微调机制的基础上，由系数 α 和 β 提供的人机交互接口使操作员通过它们可以精细地调整参考值 (S, R, M)。eCognition®的多尺度分割算法需要操作员根据实际经验和随机迭代试验来执行分割过程，即该方法属于试错法的范畴。

需要特别说明的是，我们采用不同的方式让尺度在分割结果中得以表示，这种尺度表示方式被称为共生尺度。共生尺度考虑同时将多种地物要素的尺度特征给予呈现，而不是在每一次分割过程中仅针对所有地物要素（通常属于不同尺度层级）的尺度进行单一尺度（即兴趣尺度）要素的表达。共生尺度随影像中空间化的地面要素而自由分布，并且归属于最小至最大尺寸不同类别的地物要素将在分割结果中以共生的关系呈现。例如，在图 4-7(a) 和图 4-11(a)、图 4-11(b) 中，湖面小船（尺寸非常小的语义影像目标）和湖泊（尺寸非常大的语义影像目标）同时出现在分割结果中。在 eCognition®分割结果中[图 4-12(a)~图 4-12(c)]，尺度参数设置为 30 时，湖面小船分割良好但湖泊出现过分割现象，尺度参数为 120 时，湖泊分割良好但湖面小船却从分割结果中消失。换句话说，eCognition®多尺度影像分割算法的尺度表示类型属于单一尺度模式，即影像将在兴趣尺度（或特定尺度域范围内）条件下进行分割，通过忽略其他地物要素类别来获得当前兴趣要素的分割结果。

此外，基于物理影像基元的语义影像目标提取必须遵循影像理解工程的层次性特点[10]，同时也无法超越当前机器智能的应用水平；显然，根据当前最新技术让尺度计算能像人眼一样适应场景的自由变化是不现实的。基于 HSRRSI 数据自身特点（如 SMCU）来选择合适的语义影像目标尺度粒度，是多尺度分割过程中需要考虑的一个重要因素。通常场景中语义影像目标的尺度层级，以及所隐含的级数会由高分影像数据自身的特征决定。但是实际上，基于对不同尺度层级初始物理影像基元(PIPs)的合并（或拆分），一般很难获得与语义影像目标(SIOs)相一致的分割结果。对于一组由语义影像目标组成的微型景观结构，需要通过地理空间景观结构分析和逻辑空间推理等方式才有可能被认知和理解[32]；而不是仅仅简单地依靠不合理的物理影像基元(PIPs)合并（或拆分）的方式来获得属于更高（或更低）尺度层级的语义影像目标[23]。

2) 分割效果评价

一般来讲，有 3 类分割效果评价方法：视觉评价、定量评价和间接评价（或基于应用的评价）[61]。语义影像目标(SIO)与其相应的物理影像基元(PIPs)（仍待后续的识别和分类）之间的几何轮廓边缘匹配一致性程度是验证分割及尺度计算方法优劣的最佳准则。由于 HSRRSI 数据自身的复杂性，地理要素尺寸与几何形状的多变性，以及它们之间不同的空间分布模式，导致语义影像目标(SIO)与其相应的物理影像基元(PIPs)之间实际上很难达到协调一致的目标。本节仅用视觉评价方法来验证 GSCVE 尺度参数选择方法的有效性，以及与 eCognition®算法的对比分析。评价实验基于图 4-7(a)中编号的所有地物要素来进行；同理，图 4-7(b)中其他编号的地物要素可通过图 4-11(c)~图 4-11(d)和图 4-12(d)~图 4-12(f)相应的分割结果影像标号图来进行对比分析。与 eCognition®分割结果相比，此处所有基于 GSCVE 的均值漂移分割结果均为非人工干预条件下一次性自适应获得。在此需要强调的是，矢量边缘全局尺度计算方法(GSCVE)的有效性是在细节对比分析的基础上来进行验证。

如图 4-13 中所示细节，对于图 4-7(a)中编号①高亮屋顶以及图 4-11(a)~图 4-11(b)和图 4-12(a)~图 4-12(c)所示的分割结果，编号①高亮屋顶语义影像目标具有简单的几何轮廓形状，以及像元间较高的光谱同质性。eCognition®和基于 GSCVE 的均值漂移分割基本上均获得了相同的物理影像基元(PIPs)，而且语义影像目标(SIOs)与其对应的物理影像基元(PIPs)之间的几何轮廓匹配一致性程度也较好。编号⑩的语义影像目标也显示出相同的情况。

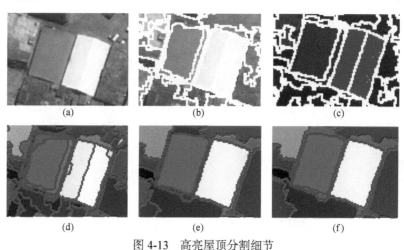

图 4-13 高亮屋顶分割细节

与图 4-11(a)~图 4-11(b)和图 4-12(a)~图 4-12(c)对应。原始影像(a)属于图 4-7 的局部；
(b)与(c)分别对应图 4-11(a)和图 4-11(b)的局部；(d),(e)和(f)为图 4-12(a)~图 4-12(c)的局部

如图 4-14 中所示细节，对于图 4-7(a)中编号②低亮屋顶，以及图 4-11(a)~图 4-11(b)和图 4-12(a)~图 4-12(c)所示的分割结果，编号②低亮屋顶语义影像目标具有相对复杂的几何形状，以及像元间较低的光谱同质性，且与其邻近语义影像目标的对比度较低，eCognition®(在尺度为 30 的条件下)和基于 GSCVE 的均值漂移分割基本上均获得了相同的物理影像基元(PIPs)。然而，在较大尺度(80 和 120)条件下，eCognition®局部误合并操作导致了欠分割现象的发生；继而语义影像目标(SIOs)与其相应物理影像基元(PIPs)之间的几何轮廓匹配一致性程度较低。

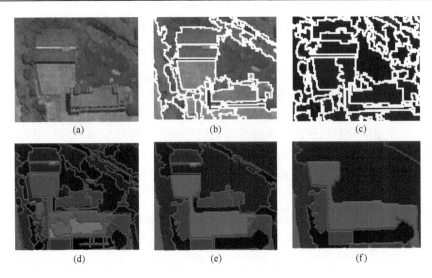

图 4-14 低亮度屋顶分割细节

与图 4-11(a)~图 4-11(b) 和图 4-12(a)~图 4-12(c) 对应。原始影像(a)属于图 4-7 的局部；
(b)与(c)分别对应图 4-11(a)和图 4-11(b)的局部；(d)，(e)和(f)为图 4-12(a)~图 4-12(c)的局部

如图 4-15 中所示细节，对于图 4-7(a)中编号③集装箱，以及图 4-11(a)~图 4-11(b)和图 4-12(a)~图 4-12(c)所示的分割结果，编号③集装箱语义影像目标具有简单的几何形状和内部像元间高度的光谱同质性，然而由于该语义影像目标与其他地物要素相比尺寸相对较小，所以很难分辨，并且通常很容易发生误合并现象。eCognition®（尺度参数为 30 时）和基于 GSCVE 的均值漂移分割几乎产生了相同的物理影像基元(PIPs)。然而，在较大尺度(80 和 120)条件下，eCognition®局部误合并操作同样导致了欠分割现象的发生。语义影像目标(SIOs)与其对应的物理影像基元(PIPs)之间的几何轮廓匹配一致性程度也较低。

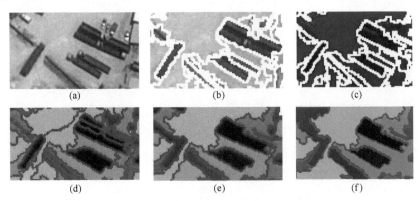

图 4-15 集装箱分割细节

与图 4-11(a)~图 4-11(b) 和图 4-12(a) ~图 4-12(c) 相对应。原始影像(a)属于图 4-7 的局部；
(b)与(c)分别对应图 4-11(a)和图 4-11(b)的局部；(d)，(e)和(f)为图 4-12(a)~图 4-12(c)的局部

如图 4-16 中所示细节，对于图 4-7(1)中编号④船只和编号⑤湖泊、自动识别的分割结果，以及图 4-11(a)～图 4-11(b)和图 4-12(a)～图 4-12(c)所示分割结果，编号④和⑤的语义影像目标具有相对简单的几何形状，以及像元间较高的光谱同质性，但是由于船只尺寸小而湖泊尺寸大，所以很难同时获得彼此对应的分割结果。eCognition®（在尺度为 30 的条件下）和基于 GSCVE 的均值漂移分割获得了截然不同的分割结果，eCognition® 分割结果存在着严重的过分割现象。eCognition®在尺度参数为 80 时仍存在过分割现象，当尺度参数为 120 时出现了欠分割现象（船只消失）。

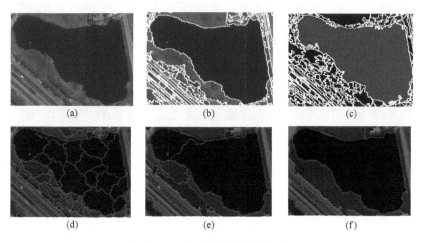

图 4-16　船只和湖泊分割细节

与图 4-11(a)～图 4-11(b)和图 4-12(a)～图 4-12(c)相对应。原始影像(a)属于图 4-7 的局部；(b)与(c)分别对应图 4-11(a)和图 4-11(b)的局部；(d)，(e)和 (f)为图 4-12 (a)～图 4-12(c)的局部

如图 4-17 中所示细节，对于图 4-7(a)中编号⑫苗圃，以及图 4-11(a)～图 4-11(b)和图 4-12(a)～图-12(c)所示分割结果，编号⑫苗圃语义影像目标具有花瓣形的几何轮廓和内部像元间较高的光谱同质性。eCognition®（尺度参数为 30 时）和基于 GSCVE 的均值漂移分割获得了基本相同的物理影像基元（PIPs）。然而，eCognition®在尺度参数为 80 时发生了一定程度的欠分割现象，在尺度参数为 120 时产生了较为严重的欠分割结果（花瓣消失）。

5. 实验结论

本节提出了一种基于矢量边缘信息的自适应全局尺度计算方法（GSCVE），并将其成功应用到了均值漂移分割的尺度参数自适应计算过程中。GSCVE 尺度计算方法主要包括以下步骤：矢量边缘信息提取、空域尺度计算、光谱值域尺度计算，以及最小制图单元计算等关键环节。作为例证，分别将 GeoEye 和 QuickBird 高分影像作为分割实验样本数据，通过与 eCognition®多尺度分割算法进行对比分析实验，阐明了 GSCVE 算法的有效性。

基于增量微调机制，GSCVE 算法提供了一个人机交互接口（默认系数 $\alpha=0.5$，$\beta=0.5$），操作员根据该接口来精细化地调整自适应计算出的参考值（S, R, M），并将其作为

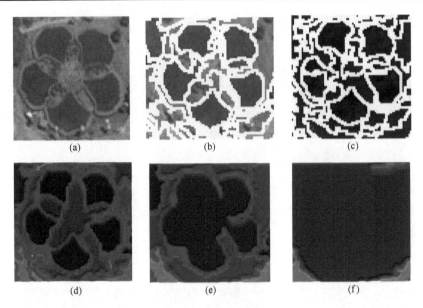

图 4-17 苗圃分割细节

与图 4-11(a)~图 4-11(b)和图 4-12(a)~图 4-12(c)相对应。原始影像(a)属于图 4-7 的局部；(b)与(c)分别对应图 4-11(a)和图 4-11(b)的局部；(d)，(e)和 (f) 为图 4-12(a)~图 4-12(c)的局部

最终的尺度参数方案。实验结果表明，GSCVE 算法不仅可以自适应地获取全局尺度参数，并且在加快数据处理工作流的基础上得到了较为满意的分割结果。基于对分割细节的比较，讨论了 GSCVE 算法在自适应参数计算方面的相对优势，以及在大尺度与小尺度地理要素共生场景中的分割结果要明显优于 eCognition®。此外，实验结果表明，RGB 色彩空间中的分割结果明显优于 IHS 色彩空间。

本节的研究工作尚存在一些不足，如由物理影像基元(PIPs)组成的语义影像目标轮廓的优化问题仍有待深入研究，以使轮廓优化后的结果符合 GIS 数据生产的标准。此外，虽然视觉评价满足了当前对分割结果进行质量评价的需求，但基于尺度参数自适应计算来指导分割过程的定量评价方法研究仍有待深入开展。

4.5 结　论

本章对影像分割尺度参数计算工作进行了回顾，系统整理和阐明了有关多尺度分割尺度参数计算的概念体系，在介绍尺度计算基本理论的基础上，提出了如语义影像目标(SIO)、物理影像基元(PIP)、兴趣尺度，以及共生尺度等相关概念，以便从全新的视角和更深入的层次来理解影像分割尺度计算。梳理并构建了多尺度分割尺度参数计算方法分类体系，并重点介绍了当前知识驱动型分类体系中的经典方法。尺度参数计算方法可按两大类体系进行分类：①数据驱动型分类体系。数据驱动型尺度计算方法体系可基于以下 3 方面考虑进行分类，数据源或影像类型，处理过程中人机交互的程度，以及尺度在分割结果中的表示方式。②知识驱动型分类体系。主要基于尺度计算过程涉及的理论、方法与技术，将尺度计算方法分为空域尺度计算方法类、值域尺度计算方法类，以及空值域集成尺度计算方法类。

对于科学研究工作和许多商业应用而言，尺度计算仍将是一个关键的科学问题。在近10年研究提出的各种方法中，方差法、半方差法，合成半方差法、局部方差法，以及混合尺度计算方法相对于其他方法来说受到了相当大的关注。光谱值域尺度参数计算方法，如SOS法和RMAS法已取得了较好的效果，但这些方法目前仅限应用于eCognition®。

多尺度分割尺度参数计算研究具有十分广阔的发展空间。在混合尺度计算方法研究方面，特别是在集成空域和光谱值域特征进行尺度参数计算将存在更多机会。例如，矢量边缘可以作为空间参考信息，在特定的空间轮廓线范围内来指导光谱异质性的计算。另外，新数据类型（如LiDAR）将为多尺度分割尺度参数计算提供不同特征层次和类型的互补信息；同时，集新数据类型自身优势，以及空间和光谱信息于一体的发展方向为分割尺度参数计算问题解决提供了一种思路。

目前，多尺度影像分割尺度参数计算尚无成熟的解决方案，但最终目标应该是以自适应非监督的模式来执行，采取共生尺度而非兴趣尺度表达方式、工程化应用可行的解决方案。

参 考 文 献

[1] Liu J H, Zhang J F, et al. An adaptive algorithm for automated polygonal approximation of high spatial resolution remote sensing imagery segmentation contours. IEEE Transactions on Geoscience and Remote Sensing, 2014, 52(2): 1099-1106.

[2] d'Oleire-Oltmanns S, Eisank C, Drăguţ L, et al. An object-based workflow to extract landforms at multiple scales from two distinct data types. IEEEGeoscienceand Remote Sensing Letters, 2013, 10(4): 947-952.

[3] Das S, Mirnalinee T T, Varghese K. Use of salient features for the design of a multistageframework to extract roads from high-resolution multispectral satellite images. IEEE Transactions onGeoscience and Remote Sensing, 2011, 49(10): 3906-3931.

[4] Stow D, Hamada Y, Coulter L, et al. Monitoring shrubland habitat changes through object-based change identification with airborne multispectral imagery. Remote Sensing of Environment, 2008, 112(3): 1051-1061.

[5] Blaschke T. Object based image analysis for remote sensing. ISPRS Journal of Photogrammetry and Remote Sensing, 2010, 65(1): 2-16.

[6] Liu J H, Mao Z Y. A survey on high spatial resolution remotely sensed imagery segmentation techniques and application strategy. Remote Sensing Information, 2009, 6(1): 95-101.

[7] Baatz M, Schäpe A. Multiresolution segmentation - an optimization approach for high quality multi-scale image segmentation// STROBL J, Blaschke T, Griesebner G, et al. (Hrsg.): Angewandte Geographische Informationsverarbeitung XII. Karlsruhe: Herbert Wichmann Verlag, 2000: 12-23.

[8] Applications[C]// Cremers, A, Greve, K, Enviromental Information for Planning, Polities & the Publi. 2000.

[9] Huang H P. Scale Issues in Object-oriented Image Analysis. Beijing: Institute of Remote Sensing and Digital Earth Chinese Academy of SciencesDoctoral Dissertation, 2003.

[10] Benz U C, Hofmann P, Willhauck G, et al. Multi-resolution, object-oriented fuzzy analysis of remote sensing data for GIS-ready information. ISPRS Journal of Photogrammetry and Remote Sensing, 2004, 58(3-4): 239-258.

[11] Gong P, Li X, Xu B, et al. Interpretation theory and application method development for information extraction from high resolution remotely sensed data. Journal of Remote Sensing, 2006, 10(1): 1-5.

[12] Liu Y X, Li M C, Mao L, et al. An algorithm of multi-spectral remote sensing imagesegmentation based on edge information. Journal of Remote Sensing, 2006, 10(3): 350-356.

[13] Xiao P F, Feng X Z. Segmentation of high-resolution remotely sensed imagery based on phase congruency. Acta Geodaetica

etal Cartographica Sinica, 2007,36(2):146-151.

[14] Luo J C, Zhou C H, Yang X, et al. Theoretic and methodological review on sensor information tupu computation. Journal of Geoinformation Science, 2009,11(5):664-669.

[15] Zhou C H, Luo J C. Geocomputation of High Resolution Remote Sensing Satellite Imagery. Beijing: Sciences Press, 2009.

[16] Han P, Gong J Y, Li Z L, et al. Selection of optimal scale in remotely sensed image classification.Journal of Remote Sensing, 2010, 14(3): 507-518.

[17] Sun X, Fu K, Wang H Q et al. High Resolution Remote Sensing Image Understanding. Beijing: Sciences Press, 2011.

[18] Hay G J, BlaschkeT. Forward: special issue on geographic object-based image analysis (GEOBIA). Photogrammetric Engineering and Remote Sensing,2010, 76(2): 121-122.

[19] Chen G, Hay G J, Luis M T C et al. Object based change detection. International Journal of Remote Sensing, 2012,33(14): 4434-4457.

[20] Lam N, Quattrochi D A. On the issues of scale resolution, and fractral analysis in the mappingsciences. Prof. Geogr., 1992, 44(1): 88-98.

[21] Feature Analyst Software. http://www.overwatch.com/products/geospatial/feature-analyst

[22] Zhang Y J. Advances in Image and Video Segmentation: An Overview of Image and Video Segmentation in the Last 40 Years. http://oa.ee.tsinghua.edu.cn/~zhangyujin/

[23] Cheng H D, Jiang X H, SunY, et al. Color image segmentation: advances and prospects.Pattern Recognition, 2001, 34 (12): 2259-2281.

[24] Monteiro F C, Campilho A C. Performance evaluation of image segmentation.international Conference on Image Analysis & Recognition, 2006, 4141(3):248-259.

[25] Vantaram S R, Saber E. Survey of contemporary trends in color image segmentation.Journal of Electronic Imaging, 2012, 21(4):177-187.

[26] Meinel G, Neubert M. A Comparison of Segmentation Programs for High Resolution RemoteSensing Data. Istanbul: Proceedings of 20th ISPRS Congress.

[27] Liu J H. The Study on Adaptive Segmentation Methods for High Spatial Resolution Remotely Sensed Imagery China: Fuzhou UniversityDoctoral Dissertation,2011.

[28] Li D R, Tong Q X, Li R X, et al. Current issues in high-resolution earth observation technology. SCI China Earth SCI,2012, 42(6): 805-813.

[29] Hay G, Blaschke T, Marceau D, et al. A comparison of three image-object methods for the multiscale analysis of landscapestructure. ISPRS J. Photogramm. Remote Sens., 2003,53(5/6): 327-345.

[30] Burnett C, Blaschke T.A multi-scale segmentation/object relationship modelling methodology for landscape analysis. Ecol. Model.2003,168(3): 233-249.

[31] DrăgutL, Tiede D, Levick S. ESP: a tool to estimate scale parameter for multiresolution image segmentation of remotely sensed data. Int.J. Geograph. Inf. SCI., 2010,24(6): 859-871.

[32] Yi L, Zhang G F, Wu Z C.A scale-synthesis method for high spatial lresolution remote sensing image segmentation. IEEE Transactions on Geoscience and Remote Sensing, 2012,50(10): 4062-4070.

[33] Su L H, Li X W, Huang Y X. A review on scale in remote sensing. Advance in Earth Sciences, 2001,16(4):544-548.

[34] Bai Y C, WangJ F. Study on the Uncertainty of Remote Sensing Information: Classification and Scaling Effect Model. Geological Publishing House, 2003.

[35] Jenerette G D, Wu J. On the definition of scale. Bulletin of the Ecological Society of America,1999, 81(81): 104-105.

[36] Openshaw S, Taylor PJ. The modifiable areal unit problem//Wrigley N, Bennett RJ. Quantitative Geography: A British View.London. Routledge and Kegan Paul, 1981:60-70.

[37] Marceau D J, Hay G J. Remote sensing contributions to the scale issue. Canadian Journal of Remote Sens, 1999, 25(4):357-366.

[38] Ming D, Yang J, Li L, et al. Modified ALV for selecting the optimal spatialresolution and its scale effect on image

classification accuracy. Math. Computer Model. 2011,54 (3-4): 1061-1068.

[39] Definiens A G. Definiens Developer 7 User Guide, Version 7.0.2.936, 23.

[40] Meinel G, Neubert M. A Comparison of Segmentation Programs for High Resolution RemoteSensing Data. Istanbul: Proceedings of 20th ISPRS Congress.

[41] Miller H J.Tobler'sfirst lawand spatial analysis. Annals of the Association of American Geographers,2004,94 (2):284-289.

[42] Duro D C, Franklin S E, Dube M G. A comparison of pixel-based and objectbasedimage analysis with selected machine learning algorithms for the classification of agricultural landscapes using SPOT-5 HRG imagery. Remote Sens. Environ,2012, 118(6):259-272.

[43] Whiteside T G, Boggs G S, Maier S W. Comparing object-based and pixel-basedclassifications for mapping Savannas. Int. J. Appl. Earth Obs. Geoinf. 2011,13(6), 884-893.

[44] Hay G, Castilla G, Wulder MA, et al. An automated object-based approach for the multiscale image segmentation of forest scenes. International Journal of Applied Earth Observations and Geoinformation, 2005,7(4): 339–359.

[45] Tobler W R.On the first law of geography: A reply.Annals of AAG, 2004,94(2):304-310.

[46] Tobler W R.A computer movie simulating urban growth in theDetroit region. Economic Geography,1970,46(1):234-240.

[47] Goodchild M F. The validity and usefulness of laws in geographic information science and geography. Annals of the Association of American Geographers,2004,94,(2):300-303.

[48] Li X W, Cao C X, Chang C Y. The first law of geography and spatialtemporal proximity. Chinese Journal of Nature (Invited Special Paper), 2007,29(2): 69-71.

[49] Moran P A P. Notes on continuous stochasticphenomena. Biometrika,1950,37(1-2):17-33.

[50] Geary R C.The contiguity ratio and statistical mapping.The Incorporated Statistician,1954,5(3):115–145.

[51] Getis A. Spatial interaction and spatial autocorrelation: a cross-product approach. Environment and Planning A, 1991, 23(9):1269-77.

[52] Kim M, Madden M, Warner T. Estimation of optimal image object size for the segmentation of forest stands with multispectral IKONOS imagery//Blaschke T, Lang S, Hay GJ. Object-Based Image Analysis-Spatial Concepts for Knowledge Driven Remote Sensing applications. Berlin: Springer, Heidelberg: 291-307.

[53] Espindola G M, Camara G, Reis IA,et al. Parameter selection for region-growing image segmentation algorithms using spatial autocorrelation. Int. J. Rem. Sens. 2006,27(14): 3035–3040.

[54] Getis A, Ord J K. The analysis of spatial association byuse of distance statistics.Geographical Analysis,1992,24(3):189-206.

[55] Getis A, Ord J K. Local spatial statistics: an overview.Spatial analysis:modeling in a GIS environment, 374 (1996).

[56] Bailey T C, Gatrell A C. Interactive Spatial Data Analysis. Essex: Longman Scientific & Technical,1995.

[57] Campbell J B. Introduction to Remote Sensing.Guilford Press, CRC Press, 3rd Edition, 2002.

[58] Parker D C, Wolff M F. Remote Sensing.Science and Technology,1965, 43:20-31.

[59] Chini M, Chiancone A, Stramondo S. Scale Object Selection (SOS)through a hierarchical segmentation by a multi-spectral per-pixel classification. Pattern Recognition Letters, Elsevier, 2014, 49:214-223.

[60] Zhang H, Fritts J, Goldman S. Image segmentation evaluation: a survey of unsupervised methods. Comput. Vis. Image Underst, 2008, 110(2): 260-280.

[61] Markowitz H. Portfolio Selection: Efficient Diversification ofInvestments.New York: Wiley,1959.

[62] Ming D, Ci T, Cai H, er al. Semivariogram-based spatial bandwidthselection for remote sensing image segmentation with mean-shift algorithm.IEEE Geosci. Remote Sens. Lett. 2012,9(5): 813-817.

[63] Comaniciu D. An algorithm for data-driven bandwidth selection. IEEETrans. Pattern Anal. Mach. Intell.,2003,25(2):281-288.

[64] Woodcock C E, Strahler A H. The factor of scale in remote sensing. remote sensing of Environment, 1987,21(3):311-332.

[65] Coops N C, Catling P C. Predicting the complexity of habitat in forests from airborne videography for wildlife management. International Journal of Remote Sensing, 1997,18(12):2677-2686.

[66] Hall O, Hay G J, Bouchard A, et al. Detecting dominant landscape objects through multiple scales: an integration of object-

[67] Hay G, Niemann K, Goodenough D. Spatial thresholds, image-objects, and upscaling: amultiscale evaluation. Remote Sensing of Environment, 1997,62(1): 1-19.

[68] Ming D, Luo J, Li L, et al. Modified local variance based method for selecting the optimal spatial resolution of remote sensing image// Liu Y. Proceedings of the 18th International Conference on Geoinformatics, Beijing: 2010.

[69] Ming D P, Li J, Wang J Y, et al. Scale parameter selection by spatial statistics for GeOBIA: usingmean-shift based multi-scale segmentation as an example. ISPRS Journal of Photogrammetry and Remote Sensing,2015,106 (8): 28-41.

[70] Oliver M A, Webster R. Kriging: a method of interpolation forgeographical information systems. International Journal of GeographicInformation Systems, 1990,4(3):313-332.

[71] Johnson B, Xie Z. Unsupervised image segmentation evaluation and refinement using a multi-scale approach. ISPRS Journal of Photogrammetry and Remote Sensing, 2011, 66(4):473–483.

[72] Jain A K. Data Clustering: 50 years beyondk-means. Pattern Recognition Letters,2010,31 (8): 651-666.

[73] Richards J A, Jia X. Remote Sensing Digital Image Analysis: An Introduction. New York:Springer-Verlag,1999.

[74] Pulvirenti L, Chini M, PierdiccaN, et al. Flood monitoring using multitemporalCOSMO-SkyMed data: image segmentation and signature interpretation. Remote Sensingof Environment,2011,115 (4): 990-1002.

[75] Yang J, Li P J, He Y H. A multi-band approach to unsupervised scale parameter selection for multi-scale image segmentation. ISPRS Journal of Photogrammetry and Remote Sensing,2014, 94 (8):13-24.

[76] Kruse F, Lefkoff A, Boardman J, et al. The spectral image processing system (SIPS)–interactive visualization and analysis of imaging spectrometer data. Rem. Sens. Environ,1993,44 (2-3), 145-163.

[77] Luc B, Deronde B, Kempeneers P, et al. Optimized spectral angel mapper classification of spatially heterogeneous dynamic dune vegetation, a case study along the Belgian coastline// ISPMSRS. The 9thInternational Symposium on Physical Measurements and Signatures in RemoteSensing,2005.

[78] Kim M, Warner T A, Madden M, et al. Multi-scale GEOBIA with very high spatial resolution digital aerial imagery: scale, texture and image objects. Int. J. Remote Sens. 2011,32 (10):2825-2850.

[79] He M, Zhang W J, Wang W H. Optimal segmentation scale model based on object-oriented analysis method. Journal of Geodesy and Geodynamics, 2009,29(1):106-109.

[80] Cánovas-GarcíaF, Alonso-Sarría F. A local approach to optimize the scale parameter in multiresolution segmentation for multispectral imagery. Geocarto International,2015 30(8): 937-961.

[81] Hu W L, Zhao P, Dong Z Y.an improved calculation model of object oriented for the optimal segmentation scale of remote sensing image Ceography and Geo-Information Science, 2010, 26(6).

[82] Journel A G, Huijbregts C J. Mining Geostatistics. London, U.K.:Academic, 1978.

第 5 章　高空间分辨率遥感专题应用

5.1　水 体 应 用

基于对象影像分析技术 GEOBIA 为高分影像的工程化应用开启了便利之门。在特定尺度条件下，地物语义影像目标对应物理影像基元的轮廓优化与概括问题将是 GEOBIA 方法工程化成功应用的关键。基于物理影像基元多特征模式识别与分类可借鉴经典的模式识别理论与方法（目标识别方法研究本身已经较为成熟，可以参考当前人工智能与模式识别领域的最新研究成果）；而进行地物语义影像目标轮廓优化与概括存在识别前预处理，以及识别后处理两种思路。

eCognition®多尺度分割算法在分割时即运用形状异质性参数（紧凑度和平滑度）来约束生成物理影像基元的轮廓形状。地物语义影像目标轮廓优化与概括将涉及"语义鸿沟"的跨越难题，一般借助地物目标先验知识模型的后处理方式在地物语义影像目标轮廓优化与概括中将更具有优势，并有助于最终实现基于语义影像目标的 GIS 制图精度级别的轮廓线描述。

目前，该方面研究成果以特殊地物类型[1-5]，如建筑物、道路、立交桥、绿地及水体等地物目标信息的提取为主。轮廓优化与概括研究成果则多见于传统 GIS 地图综合中[6-9]，针对语义影像目标几何轮廓特点的优化与概括技术[10-11]仍有待更深入研究，以破解 GEOBIA 方法工程化应用的瓶颈。

本节以水体信息提取的整个过程作为 GEOBIA 工程化应用实例，阐述基于对象影像分析技术在高空间分辨率遥感影像应用中的关键技术环节。

5.1.1　概　　述

伴随着 1999 年 IKONOS 影像、2001 年 QuickBird 影像，以及 2003 年 OrbView 传感器的陆续出现，卫星遥感影像空间分辨率进入"1m 时代"，曾经主导高分遥感数据市场的机载航空遥感已经逐渐被卫星遥感所取代。在 2007 年和 2008 年，空间分辨率优于 0.5m 的商业卫星（WorldView-1 全色波段 0.45m；GeoEye-1 全色波段 0.41m）开始运作，帮助人们获取 HSRRSI 数据并实现了更大范围地理要素细节信息的提取。目前，遥感技术在城市环境与变化监测[12]、特定地物目标监测[13-14]、地图数据更新、安全应急救灾等诸多应用领域发展迅速[15-17]。与此同时，GEOBIA 作为一种基于高空间分辨率遥感影像 HSRRSI 数据，又融合了基本概念、研究方法与实际应用的新兴研究领域，在全球范围内引起了广泛关注[18]。作为 GEOBIA 一项核心技术的多尺度影像分割已经得到广泛应用，eCognition®和 Feature Analyst®的多尺度分割算法则是商业化成功应用的著名案例。

一般来讲，由影像分割[19]和信息提取直接得到的地物图形轮廓参差不齐，并且在不同程度上会留存大量的冗余点，必须通过一定的后处理技术才能消除，使之满足地理信息数据生产的国标要求（相关 HSRRSI 的国家测绘制图标准）。在当前地物要素数据生产过程中，建筑、道路、绿地、水体等基本上都会依赖于人工数字化的方式进行采集，这种方式往往费时费力。GEOBIA 初步提供了一种全新且能有效解决该问题的工程化地理信息数据采集模式。由于 HSRRSI 数据自身的复杂性、地物要素大小及空间分布模式的多样性，使得建立一个全局轮廓优化方法的参数设置模型变得尤为困难，同时也很难自适应地为每一个地物设置不同的优化参数。通常来讲，对于大部分轮廓优化方法[20]的参数值获取都有赖于操作者的经验或者是随机性选择尝试，并且一组固定的优化参数通常仅对应一组数据集而不会考虑到每种地物要素特殊的形状特征。

一般轮廓优化算法可分为 3 类：①距离约束类，如 Douglas-Peucker 算法[6,21]、径向距离算法[22]。②角度约束类，例如 Huang[23]提出了一种基于预测函数的矢量数据压缩方法，并将其成功应用于等高线矢量数据压缩。角度约束类算法的计算成本较高，若应用于实际工程生产需改进相关算法。③面积约束类，如 Visvalingam 和 Whyatt[24]提出了一种优化最小有效面积多边形对应点集的算法，以减少面积误差。

另外，Li 和 Openshaw[7]提出了一种基于自然原则的曲线自动综合算法，该算法能够对一定尺寸范围内（相当于最小可见对象）地物目标所有的空间变化特征进行概括优化。实验结果表明，该算法对等高线地图的概括取得了良好的效果，但容易忽略给定阈值范围内的一些关键边缘特征点，并且不符合分割轮廓锯齿状边缘与大量冗余节点这种特殊情况。

本节基于 GEOBIA 工程化业务体系，提出了一种基于多尺度分割技术生成轮廓多边形（水体）的自适应概括算法，其中包含的步骤主要有起始点集选择，以及垂直与径向距离概括参数计算，最终轮廓的概括则通过递归算法予以实现。为满足批处理模式地理信息数据的实际生产需求，改进算法基于 Douglas-Peucker 算法[6,21]，集成了垂直和径向距离参数约束，同时设计并给出了相应的参数自适应计算方法。

5.1.2 分割轮廓自适应简化算法

在大尺度地理区域进行分割轮廓多边形简化工作中，地物语义影像目标具有复杂的几何形状与特征各异的要素类型，因此在全局范围内仅使用一套固定的概括参数方案将很难保持多个多边形各自轮廓的几何形状特征（如 ArcGIS 的多边形简化工具）。为了保持分割数据集（通常会包含上千个多边形）中每个轮廓多边形的几何形状特征，改进算法为轮廓多边形概括提供了一种参数自适应计算方法，继而能够获取针对每个轮廓多边形相对个性化的自适应参数设置方案。

图 5-1 显示了通过图像分割技术和信息提取等步骤生成的池塘多边形矢量轮廓，并且该矢量轮廓边缘线含有大量冗余节点并具有锯齿状特征（特定分割算法下的锯齿轮廓现象程度各不相同）。显然，未通过简化及概括的原始图像分割矢量多边形数据无法满足地理信息数据的生产标准要求。

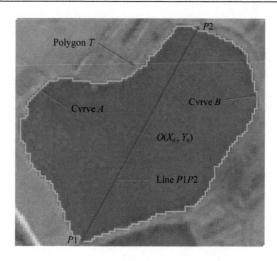

图 5-1 通过图像分割和水体信息自动提取获取的池塘多边形轮廓；轮廓显示出了锯齿状和冗余节点的几何细节信息。$O(X_0,Y_0)$ 是轮廓多边形 T 的几何中心，节点 $P1$ 和 $P2$ 将多边形 T 划分为曲线 A 和 B 两部分

下面用一个矢量轮廓多边形的简化过程来示例对多边形进行概括的步骤，分割数据集中的所有多边形将逐个被处理，继而获取整幅图像对应的最终结果。

1. 起始点集选择

在一般情况下，要求在轮廓多边形的简化过程中，期望最终被保留下来的节点与起始点和点链处理的顺序无关。在一些情况下，对同一概括算法不同的起始点或点链处理顺序可能产生前后不一致的概括结果。许多学者已经开展了针对最佳起点进行优化选择的研究工作[17-20]，并指出最优起始点应该从角点集中选择。这可能不是最好的选择，因为对大数据量而言，寻找角点将是一项耗时的工作。依据实际工程应用中的简化效率要求，提出如下初始点选择方案。

如图 5-1 所示，首先利用式(5-1)获得分割多边形轮廓 $T\{P_i(X_i,Y_i); i=1,2,\cdots,n\}$ 的几何中心坐标 $O(X_0,Y_0)$。然后，计算出离点 $O(X_0,Y_0)$ 距离最远的点 $S(X_s,Y_s)$。

$$X_0 = \sum_{i=1}^{n} X_i W_i(X_i,Y_i) \bigg/ \sum_{i=1}^{n} W_i(X_i,Y_i)$$
$$Y_0 = \sum_{i=1}^{n} Y_i W_i(X_i,Y_i) \bigg/ \sum_{i=1}^{n} W_i(X_i,Y_i)$$

(5-1)

式中，$W_i(X_i,Y_i)$ 为点 $P_i(X_i,Y_i)$ 的权重值，本书实验中拥有同等的权重值。其次，设 $S(X_s,Y_s)$ 为起始点之一，记为 P_1。然后寻找下一个起始点 P_2，也就是距 P_1 距离最远的节点。节点 P_1 和 P_2 将多边形轮廓 T 划分成 Curve A 和 Curve B，分别被命名为曲线 A 和曲线 B。

2. 垂向距离和径向距离参考简化参数计算

一般多边形轮廓简化精度主要受节点位移矢量，以及面积偏差等因素的影响[12]。在实际计算过程中，节点位移矢量和面积偏差的变化程度主要与垂向距离阈值 ε 和径向距离阈值 Ω 有关。为了减少人工干预，提高分割多边形轮廓概括工作的生产效率，设计了如下参数自适应获取方案。

图 5-2 描述了 AIDP 算法中垂向距离和径向距离的定义。在这里，我们引入径向距离约束条件，以避免经典 Douglas-Peucker 算法存在较大面积偏差的问题。此外，根据有关垂向和径向距离信息的统计分析，参数选择算法会自适应地为每个多边形计算出各自的参考简化参数值，以避免对所有多边形均使用同一组全局且固定的简化参数值。

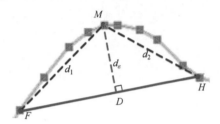

图 5-2 垂向距离 d_ε 和径向距离 (d_1 或 d_2)

垂向距离值 d_ε 定义为从点 M 到其相应弦 FH 的距离。点 D 为垂线 MD 和弦线 FH 的垂足。
径向距离 d_Ω 定义为从点 M 到 F 或 H 距离较大的弦长 (d_1 或 d_2)

采用奇点重叠法来计算自适应垂向距离阈值 ε，并取奇点数量为 5（分割轮廓多边形的节点数量远远超过这个数目）来实例说明该算法。计算曲线 A 对应垂向距离阈值 ε^A（曲线 B 的计算 ε^B 同理）的步骤如下。

首先，将从曲线 A 中提取出的 5 个节点序列组成的有序子集构成集合 Z：Z_1 (P_1, P_2, P_3, P_4, P_5)，Z_2 (P_3, P_4, P_5, P_6, P_7)，$\cdots$，Z_t (P_{m-4}, P_{m-3}, P_{m-2}, P_{m-1}, P_m)；$t = n-1$, $m = 2n + 1$, $n \geqslant 2$。对于那些不能构成子集的剩余点，将不参加计算步骤。

其次，计算每个子集（如 Z_1）的中间节点（如 P_3）到相应起始点和终点所构成弦（如 Z_1：P_1P_5）的距离 D_i，则曲线 A 的平均垂直距离 $\overline{D}$ 和统计值 δ 的计算方法如下：

$$\overline{D} = \frac{1}{t}\sum_{i=1}^{t}D_i \quad t = n-1, n \geqslant 2 \tag{5-2}$$

$$\delta = \frac{1}{t}\sum_{i=1}^{t}|D_i - \overline{D}| \tag{5-3}$$

然后，对应于曲线 A 部分的垂向距离参考阈值 ε^A 可由如下模型计算：

$$\varepsilon^A = \overline{D} + \alpha \times \delta \quad \alpha \in [1, 10] \tag{5-4}$$

系数 α 提供了基于人机交互接口的增量微调机制。它允许操作员根据垂向距离参考阈值进行最终简化参数方案的精细调整。通常当图像类型固定时，α 的值为一个常数。

同理，可以相同方式得到曲线 B 的 ε^B 值。一般来说，同一个分割多边形轮廓的部分（如曲线 A 和曲线 B）具有非常高的形状相似性，因此可将 ε^A 和 ε^B 较大者作为自适应垂向

距离参考阈值 ε。

$$\varepsilon = \max(\varepsilon^A, \varepsilon^B) \tag{5-5}$$

如图 5-2 所示,径向距离 d_Ω 定义为从点 M 到 F 或 H 距离较大的弦长(d_1 或 d_2)。分别计算每个子集(如 Z1:P_1P_5)的中间节点(如 P_3)到相应起始节点(如 P_1)和终点(如 P_5)的距离 d_1 和 d_2;其中较大者作为径向距离 d_Ω:

$$d_\Omega = \max(d_1, d_2) \tag{5-6}$$

径向距离阈值 Ω 用于控制剔除冗余节点时所引起的面积偏差。垂向距离参考阈值 ε 与 Ω 密切相关,Ω 值的计算模型如下:

$$\Omega = \overline{d_\Omega} + \beta \times \varepsilon \qquad \beta \in [0, 1] \tag{5-7}$$

式中,$\overline{d_\Omega}$ 为所有子集 Z_i 径向距离 d_Ω 的平均值;系数 β 提供了基于人机交互接口的增量微调机制,它允许操作员根据径向距离参考阈值 Ω 进行最终简化参数方案的精细调整。

3. 分割多边形轮廓概括

分割轮廓多边形简化算法 AIDP 分别对构成轮廓多边形 T_i 的曲线 A_i 和 B_i 进行概括,在此仅对曲线 A_i 递归简化处理步骤予以说明。

算法:AIDP 算法框架。
输入:分割多边形轮廓链表。
输出:概括处理后的分割多边形轮廓链表。
步骤:

(1)逐个处理多边形轮廓链表中的多边形 T_i(由曲线 A_i 和 B_i 两部分构成),当所有的多边形都被处理完成时停止。

(2)计算转换开关标志 Q。计算曲线 A_i 中每个节点的垂向距离 D_i(B_i 同理),继而从中获得最大 D_{max} 对应的节点 i_{max},并同时获得 i_{max} 节点的径向距离 d_Ω。
使用式(5-8)来计算 i_{max} 节点的转换开关标志 Q(值为 0 或 1)。

$$Q = \begin{cases} 1, & D_{max} > \varepsilon; \\ 1, & D_{max} < \varepsilon, \ d_\Omega > \Omega; \\ 0, & D_{max} < \varepsilon, \ d_\Omega < \Omega; \end{cases} \tag{5-8}$$

注:阈值参数 ε 和 Ω 已经在 5.1.2 节中自适应计算获取。

(3)基于转换开关标志 Q 剔除多边形轮廓中的冗余节点。

若曲线 A_i 中节点的转换开关标志 Q 值为 0 时,则曲线 A_i 所有节点都将被剔除,由相应的弦线来替代曲线 A_i,然后转到步骤(4)。

若曲线 A_i 中节点的转换开关标志 Q 值为 1 时,则挑选出相应的节点 P_i 作为中间特征关键点。点 P_i 将曲线 A_i 划分为两个新一级的子曲线,然后程序跳转到步骤(2)继续计算新一级子曲线中各节点的转换开关标志 Q。循环递归处理新一级子曲线中所有节点，直至 Q 等于 0 为止，然后转向步骤(4)。

(4) 形成最终的简化曲线 A_i。曲线 B_i 以相同方式并行处理。待 A_i 和 B_i 并行处理完成后，即可形成最终多边形 T_i 的概括结果。

5.1.3 实验及讨论

为了评估 AIDP 方法的性能，本节采用基于 GEOBIA 工程化思路提取的水体多边形（可以代表不规则多边形类）的轮廓概括工作进行实证研究。

1. 实验数据及方法

1) 实验数据

如图 5-3(a)所示，实证研究将 16 384×16 384 像素、2.0GB 大小、0.6m 空间分辨率、具有多光谱标准波段(R，G，B 和近红外)的、位于广州市城乡结合部的 QuickBird 卫星影像作为实证研究区域。该卫星影像作为原始数据，将基于 GEOBIA 提取的水体多边形轮廓作为 AIDP 的输入数据。实验 PC 测试环境的详细信息是 Intel(R) Core(TM) i5-2400，CPU @3.10 GHz，RAM2.85 G。一般来说，人工构筑物对应的多边形(如建筑物等)均具有规则的轮廓形状，建议通过特定的拟合模型来进行概括处理。实验区域包含较多池塘，并有河心岛的河流位于影像的中间底部。研究区域包含了大部分不规则多边形地物要素类型，保证了实验的有效性。

(a) QuickBird 卫星影像

(b) 水体轮廓多边形

图 5-3 实验数据，原始 QuickBird 卫星影像以及提取的水体多边形

Z_1~Z_3 为相应的局部细节；(b)中标号为 (1~10) 的水体多边形将用于定量评价

图 5-3(b)显示了基于 GEOBIA 工程化体系生成的水体轮廓多边形，并以 ArcGIS shp 文件格式进行存储。统计信息显示，该 shp 矢量文件共包含 2985 个多边形，河流和池塘大部分水体均成功提取。通常情况下，水体提取结果中可能会包括阴影多边形，这些阴影多边形可在后处理步骤中给予剔除，在此次实验中暂不考虑阴影多边形问题。当然，这些阴影多边形将不会对水体轮廓简化实验造成影响。从图 5-1 中可以看到，锯齿状与冗余节点现象在水体多边形轮廓线中非常明显。

2) 实验方法

基于 GEOBIA 工程化体系，采用改进统计区域合并分割方法[25]，使用归一化水体指数[26]，从分割获得的物理影像基元中提取水体多边形，继而再对水体多边形轮廓进行概括优化，使之最终符合 GIS 数据生产质量标准。本次实验在 Orfeo Toolbox [27]平台上予以实现。

轮廓简化结果质量评价是概括处理过程中的重要一环，对后续质量控制及应用十分必要。通常多边形概括算法的优劣可以通过衡量化简前后多边形之间的差异度进行定量评价[8]。目前，可采用以下指标对多边形化简质量进行评价[28]，如压缩比(CR)、平方误差积分(ISE)、优势分布图(FOM)、相对偏差百分比(RD)，以及相对保真度和效率等，并且这些质量评价指标可依据实际应用场景进行调整。此次质量评价实验采用节点数(C)、面积(A)、周长(P)、压缩率(R_C)、相对面积偏差(E_A)、相对面积误差(RAE)、加权均方根误差(WRMSE)，对 AIDP，以及在 ArcGIS 中改进的同类 Douglas-Peucker, (DP) 算法[29]进行定量化对比分析。

2. 实验结果分析与讨论

在整个基于 AIDP 算法的简化概括处理过程中无需任何人工介入，对图 5-3(b)中的水体多边形轮廓采用自动批处理生产模式进行简化，继而得到如图 5-4 所示的结果。在此次实验中，系数 α 和 β 被分别设定为 5.5 和 0.45，系数参考值主要通过实验和实际应用经验的方式来获取。

图 5-4　基于 AIDP 算法对图 5-3(b)概括的结果

$Z_1 \sim Z_3$ 为对应的局部细节

为了说明多边形轮廓的几何细节信息，以及对多边形简化结果进行定量评估，选择图 5-5 中的河流局部轮廓和图 5-6 中具有代表性的 10 个水体多边形进行实证研究。图 5-5，图 5-6 中灰线表示未进行概括的由分割算法生成的原始多边形数据，而红色和蓝色线条分别对应 AIDP 和 ArcGIS 软件中 DP 算法的简化结果。因为 AIDP 算法具有自适应能力，整个处理过程在没有任何操作人员干预的情况下得到了最终的简化结果。

对于 ArcGISDP 算法，需要由操作人员设置的容差参数(记为 Δ)通常依赖于经验。在定量评估实验中，分别设置 Δ 为 1m、1.5m 和 2m，图 5-5 和图 5-6 描绘的是 $\Delta=1.5m$ 的简化结果。对于 ArcGISDP 算法，相比于 $\Delta=2m$ 的简化结果，$\Delta=1m$ 和 $\Delta=1.5m$ 获得了更多的细节信息。

从图 5-5 可以清楚地看到，ArcGIS DP 和 AIDP 算法在获取可接受结果的基础上均保留了原有水体轮廓线的大部分几何细节信息；锯齿状的轮廓线和冗余的节点已被适度的删除掉。实际上与图 5-5 (b)中 ArcGISDP 在局部仍然存在部分锯齿状冗余节点的概括结果相比，AIDP 自适应地剔除了更多的冗余节点信息。如图 5-6 所示，我们从中得到了同样的可视化分析评价结果。

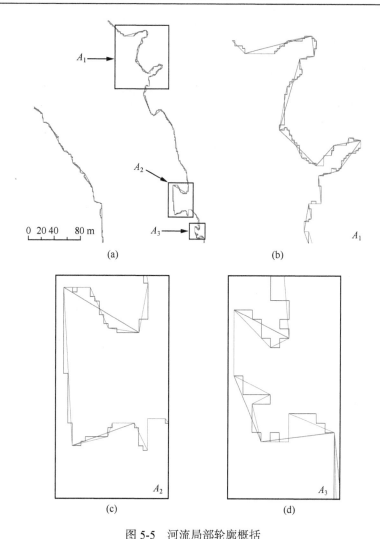

图 5-5 河流局部轮廓概括

灰、蓝及红色曲线依次代表原始数据、ArcGIS DP($\varDelta$=1.5 m)与 AIDP 的优化结果

图 5-6(b)~图 5-6(c)展示了相对于图 5-6(h)具有更大尺寸"凹"状轮廓特征的多边形简化结果。相比 ArcGIS DP 算法,AIDP 算法不仅自动地给出了针对每个轮廓多边形个性化的简化参数方案,同时较好地保持了轮廓的整体几何形状和局部细节特征。特别是在图 5-6(b)中,形状复杂的"凹"状多边形轮廓被简化且没有任何缺陷,较好地保留了原始多边形其他部位的形状特征。

图 5-6(d)~图 5-6(e)说明了轮廓中局部含有正向和反向不同尺寸"L"形状轮廓的简化情况。简化结果表明,"L"形状轮廓中的关键角点均在概括结果中给予了较好的保留。

图 5-6(f)描述对一个形状类似火腿的多边形进行化简的情况。实验结果表明,ArcGIS DP 和 AIDP 算法均对该轮廓多边形进行了较好的概括,获得了可用的简化结果。此外,对于轮廓中含有"凸""岛""条带""哑铃"等特殊几何形状的多边形,AIDP 均获得了较为满意的概括结果。

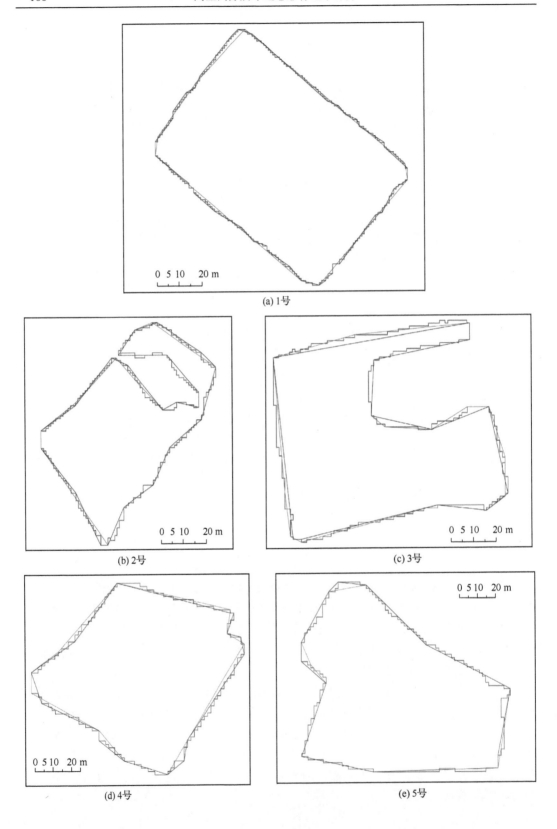

(a) 1号

(b) 2号

(c) 3号

(d) 4号

(e) 5号

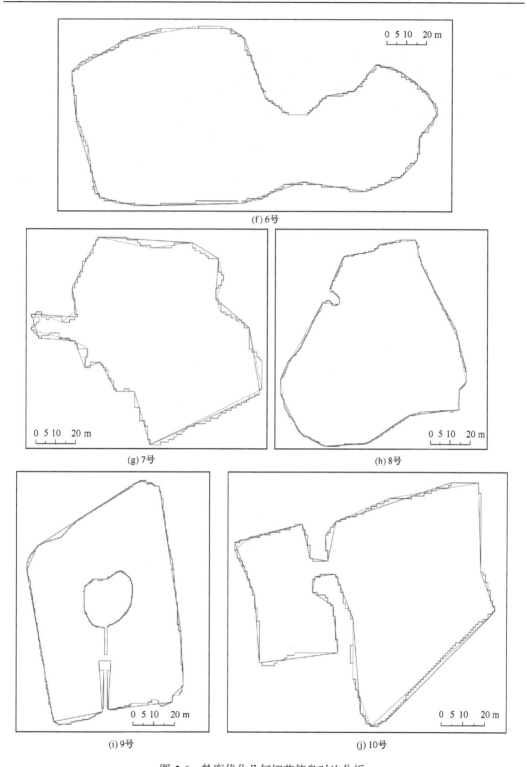

图 5-6 轮廓优化几何细节信息对比分析

灰、蓝及红色曲线依次代表原始数据、ArcGIS DP(Δ= 1.5 m)与 AIDP 的优化结果。

代表性多边形(a)~(j)将用于后续概括定量评价

通过对图 5-5 和图 5-6 概括结果的可视化对比分析,可见 AIDP 能够对不规则轮廓多边形进行较好的简化处理。对于常规的人工地物类型(如建筑物等,一般具有规则的几何形状)轮廓简化 AIDP 算法仍有待改进,如图 5-6(a)给出了一个仍不完善的矩形实例的简化结果。对于具有规则几何形状的轮廓多边形,建议按照特定的外形拟合模型进行概括优化。在 GIS 数据生产时需要注意的是,轮廓概括通常是基于 GEOBIA 的多尺度分割完成后几何数据后处理步骤中的重要一环,应针对不同的地物多边形类型使用不同的概括方案。

图 5-7 和图 5-8 描述了图 5-6 中 1~10 号轮廓多边形节点压缩率和多边形面积偏差的情况。

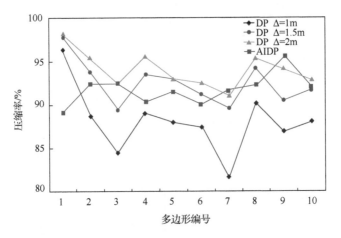

图 5-7　多边形节点压缩率

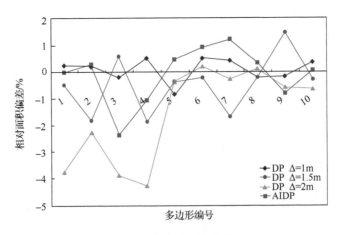

图 5-8　多边形面积偏差

在表 5-1 中,统计指标 C、A 和 P 用于描述图 5-6、图 5-7 及图 5-8 中轮廓多边形的基本统计信息;统计指标 R_C 和 E_A 是在基本统计量的基础上提出的。

表 5-1 AIDP 与 ArcGIS DP 算法定量分析

多边形编号	原始数据			DP A=1 m					DP A=1.5 m					DP A=2 m					AIDP				
	C^o	A^o	P	C^n	A^n	P	R_c	E_A	C^n	A^n	P	R_c	E_A	C^n	A^n	P	R_c	E_A	C^n	A^n	P	R_c	E_A
1	358	2345.0	265.2	13	2351.2	191.6	96.4	0.26	8	2334.2	190.8	97.8	-0.46	6	2257.9	189.8	98.3	-3.71	39	2345.2	189.8	89.1	0.01
2	292	1018.8	265.2	33	1021.1	203.0	88.7	0.23	18	1000.6	195.3	93.8	-1.79	13	996.3	192.9	95.5	-2.21	22	1021.9	197.1	92.5	0.30
3	161	1469.2	259.2	25	1466.5	220.1	84.5	-0.18	17	1477.9	217.1	89.4	0.59	12	1413.0	214.7	92.5	-3.83	12	1434.9	215.7	92.5	-2.33
4	154	774.4	146.4	17	778.7	112.5	88.9	0.55	10	760.3	110.2	93.5	-1.82	7	741.6	108.7	95.5	-4.24	15	766.3	111.9	90.3	-1.05
5	142	975.9	164.4	17	967.7	133.3	88.0	-0.84	10	972.5	129.9	92.9	-0.35	10	972.54	129.9	93.0	-0.34	12	980.6	131.3	91.5	0.48
6	239	2848.3	310.8	30	2864.3	252.5	87.4	0.56	21	2842.7	250.3	91.2	-0.20	18	2854.9	248.9	92.5	0.23	24	2875.1	251.5	90.0	0.94
7	202	1390.3	225.6	37	1396.8	181.0	81.7	0.47	21	1367.3	171.3	89.6	-1.65	18	1386.9	169.9	91.1	-0.24	17	1407.4	169.8	91.6	1.23
8	346	6109.6	400.8	34	6098.6	320.8	90.2	-0.18	20	6098.8	316.4	94.2	-0.18	16	6118.6	314.6	95.4	0.15	25	6130.9	318.6	92.3	0.35
9	295/107	6257.2	596.4	39/17	6248.5	507.6	86.8/84.1	-0.14	28/10	6350.2	500.6	90.5/90.7	1.49	17/10	6222.1	493.6	94.2/90.7	-0.56	13/14	6208.0	381.5/111.3	95.6/87.0	-0.79
10	252	1919.9	309.6	30	1927.4	255.7	88.1	0.39	21	1915.0	252.5	91.7	-0.26	18	1908.2	251.2	92.9	-0.61	20	1921.5	253.1	92.1	0.08

注：C^o=多边形点数；A^o=多边形面积；P=多边形周长；$R_c=[(c^o-c^n)/c^o]\times100\%$，多边形压缩率；$E_A=[(A^n-A^o)/A^o]\times100\%$，相对面积偏差

通过定量化分析可以得出以下实验结论：①对于大多数轮廓多边形当 Δ 越大，ArcGIS DP 算法的 R_C 越高；当 Δ=1m 和 Δ=2m 时，AIDP 的 R_C 介于 ArcGIS DP 的指标范围之内。②在 ArcGIS DP 算法中 Δ 和 E_A 的关系不明确。相对 ArcGIS DP，AIDP 的$|E_A|$的范围为 0.01~2.33，同时计算出了所有多边形中 E_A 的最小值。③当 Δ 为 1~1.5 m 时，AIDP 与 ArcGIS DP 的简化精度相似。

在表 5-2 中，指标 RAE 和 WRMSE 用于描述统计误差信息。指标 RAE 用于描述表 5-1 中的轮廓多边形面积偏差计信息；指标 WRMSE 给出了轮廓多边形的面积加权均方根误差。

$$\text{RAE}=\frac{\sum(A^n-A^o)}{\sum A^o} \quad (5\text{-}9)$$

$$\text{WRMSE}=\sqrt{\frac{\sum A^n \cdot \text{RMSE}^2}{\sum A^n}} \quad (5\text{-}10)$$

$$\text{RMSE}=\sqrt{\frac{\sum(\delta-\mu)^2}{n}} \quad (5\text{-}11)$$

$$\delta=\frac{A^n-A^o}{A^o} \quad (5\text{-}12)$$

$$\mu=\frac{1}{n}\Sigma\delta \quad (5\text{-}13)$$

式中，A^o 和 A^n 分别为简化前后对应轮廓多边形的面积。实验结果分析表明：①AIDP 和 ArcGIS DP 的 RAE 和 WRMSE 指标均给出了可接受的精度，但 DP 的 RAE（Δ=2 m 时）指标明显过大。②对于 DP 算法，Δ 与 RAE（或 WRMSE）的关系并不明显。当 Δ=1 m 时，DP 算法的 WRMSE 出现了最大误差，而 AIDP 的 WRMSE 值则介于 ArcGIS DP 的 Δ=1.5m 和 Δ=2 m 之间。③与 AIDP 参数自适应获取能力相比，要达到要求精度的 ArcGIS DP 算法参数设定则需要在多次尝试之后方可确定。

表 5-2 AIDP 与 ArcGIS DP 算法误差评价分析

Error Indicator	DP Δ=1 m	DP Δ=1.5 m	DP Δ=2 m	AIDP
RAE	0.000 49	0.000 43	−0.009 42	−0.000 67
WRMSE	0.013 32	0.007 93	0.011 93	0.009 42

注：RAE=相对面积误差；WRMSE=加权均方根误差

表 5-3 给出了 AIDP 和 ArcGIS DP 简化处理同一数据集图 5-3(b) 的时间。AIDP 自适应处理时间仅需 1s，而与 AIDP 相比，ArcGIS DP 的计算时间伴随着 Δ 值的减少而增大。

它很难被使用与一个合适的 Δ 没有很多时间的尝试。

表 5-3　AIDP 与 ArcGIS DP 算法性能分析

算法	DPΔ=1 m	DPΔ=1.5 m	DPΔ=2 m	AIDP
耗时（s）	4	3	2	1

5.1.4　结论与展望

本节提出了一种基于 GEOBIA 的 HSRRSI 分割轮廓自适应概括 AIDP 算法，该算法在传统 DP 算法的基础上集成了垂向距离和径向距离的约束条件；同时，还设计了相应的参数自适应获得方法以满足 GIS 数据生产的实际要求。实验结论如下：①改进算法不仅可自动获取简化参数，而且在获得可接受概括结果的基础上加快了数据处理的流程。②AIDP 算法自身良好的性能及可批处理的模式，使其对大型数据集进行自动批处理成为可能。③AIDP 算法可稳健地用于处理大部分不规则轮廓多边形，可应用于实际工程化生产。

未来基于 GEOBIA 多尺度分割算法精度的提高将直接推动多边形轮廓简化的质量，而适于概括规则多边形轮廓形状的拟合模型研究将推动本书的进一步发展。

5.2　街景应用

移动测图系统[30]（mobile mapping system，MMS）是获取地面近景高分辨率遥感影像数据的主要途径；目前，该技术主要用于城市立面街景影像及城市部件测绘信息的快速获取（图 5-9，据武汉立得空间信息有限公司）。

一般 MMS 可获取沿道路两侧相应的连续可量测数字实景影像库（digital measurable image database，DMID），该影像库中的影像均带有绝对方位元素，可实现影像对任意地物的绝对测量和相对测量任务。此外，为了提高影像中地物目标的定位和量测精度，可利用（difference global positioning system，DGPS）技术对数据进行实时差分，从而获得高精度的影像目标测量信息[31]。该技术可为城市管理中街景影像地图浏览和影像实景量测等功能实现提供良好的数据基础，从而有效地解决管理系统对基础设施部件与环境信息进行查询、量测与展示等问题，实现了对城市基础设施的智能化信息采集与管理。

本节以 MMS 获取的连续可量测实景影像为数据源，以城市部件井盖为识别检测目标，将高空间分辨率遥感影像地物检测方法体系进行专题应用示范。

5.2.1　概　　述

随着我国城市化水平的不断提升与配套基础设施建设的逐步完善，有关给水、排水、电力、燃气、消防、热力、通信等市政设施的路面井盖也日益增加。市政井盖众多的产权单位与"谁需要、谁建设、谁管理"的多头管理体制[32]给日常管理与维护工作带来较大的困难。近年来,全国范围内井盖所造成的各类伤人、损车事件频发,严重影响了市民的出行安全,造成不良的社会影响,已引起各地政府及市政设施管理部门的高度重视。如何加强和改善市政井盖管理成为困扰全国各地市政设施管理部门的一个难点、热点问题,实施城市路面井盖的空间数字化管理是解决该问题的一种努力方向。

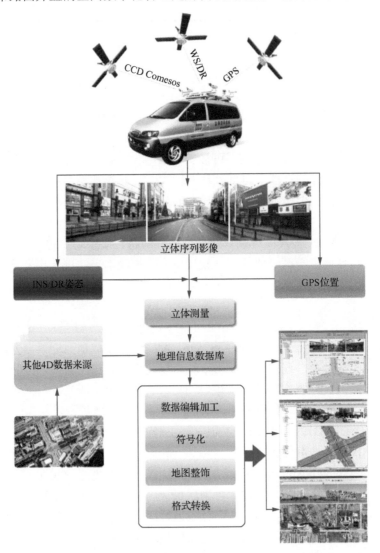

图 5-9 MSS 数据采集工艺技术流程

本书基于实景三维数据采集车所获取的透视图像中市政井盖所具有的椭圆形几何特征,利用椭圆拟合等技术研究复杂背景下井盖的快速定位识别,为城市路面井盖信息的数字化采集与管理奠定基础。现有文献中介绍的椭圆拟合方法主要有 3 类,即基于 Hough 变换及其改进的方法[33-36]、基于不变矩的方法[37-38]与基于最小二乘的方法[39-43]。基于不变矩的方法对噪声较为敏感,在计算不变矩之前需要对图像进行空间转换,存在算法复杂与计算量较大等问题,因而对实时应用较为不便。Hough 变换的主要思想是将图像从空间域变换到参数域,用参数域中采样点峰值所对应的参数来表示图像中的曲线。只要已知曲线的一般方程形式,即可利用 Hough 变换进行检测。Hough 变换具有对噪声不敏感的优点,但需进行一到多运算,存在计算量较大的缺点,此外还受参数域量化精度的限制。因此,有研究者提出随机 Hough 变化(RHT)技术[33],通过随机采样与动态链接表结构来降低计算时间和内存需求,使得 RHT 具有参数空间无限大、参数精度任意高等优点。但是,RTH 无目标的采样模式当所需处理数据量较大时,仍会引入大量无效积累,从而影响到算法性能。

最小二乘法是在随机误差为正态分布时,由最大似然法推出的一种最优估计技术,它具有使测量误差平方和最小化的特点,被视为拟合技术中最可信赖的方法之一[40]。最小二乘方法是一种较为通用的方法,适用于多种复杂场景中的曲线拟合,可以很直观地给出某种拟合误差的测度,拟合精度相对较高。鉴于此,本书在现有最小二乘曲线拟合技术研究成果的基础上,针对市政井盖所处背景环境复杂,以及有效检测区域在整幅图像中所占比例相对较小等特点,结合实际数据采集业务提出一种基于轮廓链表最小二乘椭圆拟合技术的路面井盖目标定位识别算法,实现了对井盖目标的快速定位与有效识别。

5.2.2 井盖目标定位识别算法

1. 图像预处理与矢量边缘信息提取

实景三维数据采集车所获取的街景彩色图像在时间、场景、光照、角度等方面存在较大差异,背景信息十分复杂,严重影响到井盖目标最终的有效定位识别。本书针对该类图像的上述特点,采用亮度调整、对比度变换、滤波等技术对原始图像进行增强处理。

为了提高边缘检测精度,采用加权矢量边缘检测技术[37]提取经过增强处理彩色图像的边缘信息,保证最大限度地获取图像中的边缘特征,使占整幅图像面积较小的井盖区域边缘信息得以有效提取。此外,为避免轮廓信息提取过程中边缘间断点对拟合效果造成影响,利用数学形态学膨胀算子对获取的边缘图像中存在一定间断阈值的边缘进行填充连接处理,再采用轮廓跟踪法将边缘构造成轮廓链表。需要说明的是,算法采用基于轮廓链表的椭圆拟合检测技术,有助于缩小拟合时点集的搜索范围,减小噪声对拟合效果的影响,降低算法时空复杂度,以满足系统实时性处理的需求。

2. 基于轮廓链表的最小二乘法椭圆拟合

一般二次曲线方程可表示为[41]

$$F(\boldsymbol{A},\boldsymbol{U}) = \boldsymbol{A}\boldsymbol{U} = ax^2 + bxy + cy^2 + dx + ey + f \quad (5\text{-}14)$$

式中,$\boldsymbol{A}$ 和 $\boldsymbol{U}$ 分别为

$$\boldsymbol{A} = [a \quad b \quad c \quad d \quad e \quad f] \quad (5\text{-}15)$$

$$\boldsymbol{U} = [x^2 \quad xy \quad y^2 \quad x \quad y \quad 1]^\mathrm{T} \quad (5\text{-}16)$$

若令椭圆的中心坐标为($CenX$, $CenY$)，长轴和短轴为 Radius L、Radius S，旋转角度为 Angle，则椭圆的几何参数形式可表示为

$$CenX = \frac{be - 2cd}{4ac - b^2} \qquad (5\text{-}17)$$

$$CenY = \frac{bd - 2ae}{4ac - b^2} \qquad (5\text{-}18)$$

$$Radius\ L = 2\left(\frac{-2f}{a + c - \sqrt{b^2 + \left((a-c)/f\right)^2}}\right)^{\frac{1}{2}} \qquad (5\text{-}19)$$

$$Radius\ S = 2\left(\frac{-2f}{a + c + \sqrt{b^2 + \left((a-c)/f\right)^2}}\right)^{\frac{1}{2}} \qquad (5\text{-}20)$$

$$Angle = \frac{1}{2}\arctan\frac{b}{a-c} \qquad (5\text{-}21)$$

若记 $F(\boldsymbol{A},\boldsymbol{U}_i) = D_i$ 为点 U_i 到二次曲线 $F(\boldsymbol{A},\boldsymbol{U}) = 0$ 的代数距离，则对含有 n 个离散点的数据集 $\boldsymbol{U}$，基于代数距离的一般二次曲线最小二乘拟合可表示为

$$\hat{A} = \arg\min_{A}\left\{\sum_{i=1}^{n} F(\boldsymbol{A},\boldsymbol{U}_i)^2\right\} \qquad (5\text{-}22)$$

对满足条件 $b^2 - 4ac < 0$ 的曲线进行拟合。为了避免平凡解 $\hat{A} = 0_6$，将解 $\hat{A}$ 的任意整数倍均视为对同一椭圆曲线的表示，必须对系数进行一定的约束[8-9]，如令 $\|A\| = 1$。

应用上述方程和约束条件对轮廓链表中的离散边缘点进行最小二乘处理，通过最小化误差平方和的途径找到轮廓链表的最佳椭圆曲线匹配方案，从而实现最小二乘法意义上的椭圆拟合。

求解系数 $\hat{A}$ 时，可令目标函数求解模型为

$$G(A) = \sum_{i=1}^{n} F(A,U_i)^2 = \sum_{i=1}^{n}(ax_i^2 + bx_i y_i + cy_i^2 + dx_i + ey_i + f)^2 \qquad (5\text{-}23)$$

根据极小值原理，欲使 $G(A)$ 值最小，必有

$$\frac{\partial G(A)}{\partial a} = \frac{\partial G(A)}{\partial b} = \frac{\partial G(A)}{\partial c} = \frac{\partial G(A)}{\partial d} = \frac{\partial G(A)}{\partial e} = \frac{\partial G(A)}{\partial f} = 0 \qquad (5\text{-}24)$$

结合约束条件，求解该线性方程组，从而由当前轮廓链表拟合得出系数 $\hat{A}$。

需要指出的是，对虚假目标在拟合处理前就给予过滤，从而提高识别效率，算法对轮廓链表中不满足阈值 $T_L(S_t, S_p)$ 的情况在拟合前即被剔除。S_t 和 S_p 分别表示阈值 T_L 的统计与形态信息，可通过对轮廓链表进行统计及几何形态分析来动态获取。例如，S_t 可表示为轮廓链表中边缘点个数统计信息，当其值大于某一阈值时才对该轮廓链表进行拟合操作，否则视作噪声给予剔除；S_p 可用来表示轮廓链表的曲率信息，当该轮廓链表近似为直线时，即可在拟合前给予剔除。

3. 井盖目标拟合椭圆的真实性确认

在 5.2.2 节所获得的初步拟合结果中，由于待检测图像的背景信息十分复杂，一般会存在虚假目标椭圆。此时，可依据实景三维数据采集车所获取的井盖彩色图像中某些已知几何特征或参数（如井盖目标与镜头的相对位置）来设法给予剔除。

在 5.2.2 节提出的算法中，笔者利用井盖目标椭圆长短轴间的关系，以及旋转角度等参数信息来剔除虚假目标。首先，对长轴（或短轴）值小于（及大于）某一阈值 T_S（及 T_M）的虚假椭圆给予剔除。T_S（及 T_M）可通过对井盖有效检测区域所占整幅图像的面积比例，以及 5.2.2 节中所获得的初步拟合结果进行分析实现自适应获取。其次，可基于拟合椭圆长短轴间的比例关系 α=RadiusL/RadiusS 来剔除部分虚假目标。实景三维数据采集车所采集的彩色透视图中井盖椭圆长短轴间的比例关系具有一定特征，可用来剔除部分虚假目标。一般情况下，经过上述两个步骤，即可获取最终检测结果；但为了尽可能地提高检测精度，必要时还可利用井盖目标椭圆的旋转角度 Angle 进一步对结果进行真实性确认。由于算法应用环境比较复杂，限于篇幅在此仅给出一般性说明，其他一些特殊状况可依据需求进行更加深入的探讨。

为了适应复杂的工作环境和应用需求，上述过程中井盖目标椭圆真实性确认的联合判据可根据实景三维数据采集车采集设备参数进行组合变换和动态调整。

5.2.3 算法应用与实验结果

在 Windows XP 平台上基于 VC++开发工具实现了上述算法，实验微机测试环境为 Pentium4，2.3GHz，2G 内存。实验数据以实景三维数据采集车在北京市 635 路公交车沿线采集数据集中的一幅彩色图像[图 5-10（a）]为例，该图像的行列为 1200×1600。

原始图像中，在 635 路公交车尾部右下角路面区域存在一个铸铁井盖，为算法有待定位识别的目标区域。由于所采集的该幅图像还需应用于数字城管的其他业务，受采集视场限制，图像中井盖有效检测区域所占整幅图像的比例相对较小，增加了识别工作的难度。此外，该透视图像中还存在其他具有椭圆形几何特征的物体，如车毂、轮胎、车轮周边的车厢、汽车尾灯、自行车轮等，这些区域对井盖识别形成较大干扰。该幅图像

(a) 原始图像

(b) 预处理后图像

(c) 矢量边缘图像

(d) 识别结果

图 5-10 井盖定位识别各步骤结果图

较为全面地描述了路面井盖所处的常态化识别环境，从而确保了本次实验的真实性和有效性。

图 5-10(b)为经过亮度调整、对比度增强、高斯平滑预处理后的图像。预处理后，图像的亮度和对比度得到增强，噪声在一定程度上得到消除和降低。

图 5-10(c)为加权矢量边缘检测结果，可以看出，图像中边缘特征被较好地检测出来，井盖目标区域的边缘信息提取效果也十分理想。从矢量边缘图中可以看出，基于彩色图像的矢量边缘检测效果总体上要明显优于标量灰度图，进而提高了井盖最终识别的定位精度。

图 5-10(d)为井盖定位识别结果，图中井盖定位中心用红色十字标识，井盖轮廓用包含该十字的对应椭圆来描绘。识别得到的该井盖对应椭圆在图像中的几何定位参数(中心坐标，长短轴长度，旋转角度)依次为，$CenX$: 1011，$CenY$: 176，$RadiusL$: 83，$RadiusS$: 16，$Angle$: 3.826 98°。该幅图像井盖识别总计耗时 3s。

受采集视场限制，图像中市政井盖有效检测区域所占整幅图像的比例相对较小，图 5-11 提供了与上述处理过程相对应的井盖区域放大图，从而可以较为清晰地观察出各步骤处理效果及最终定位识别结果。

在一般情况下，对达到数据采集质量标准的图像，本节提出的算法能较好地实现其中市政井盖的实时定位识别。然而，由于路面井盖所处识别环境特别复杂，当出现光照与角度不理想、图像模糊，以及井盖区域和路面之间光谱与纹理特征十分相似等特殊情况时，本书的算法能否给出准确的定位与识别结果仍需进一步的实践检验。

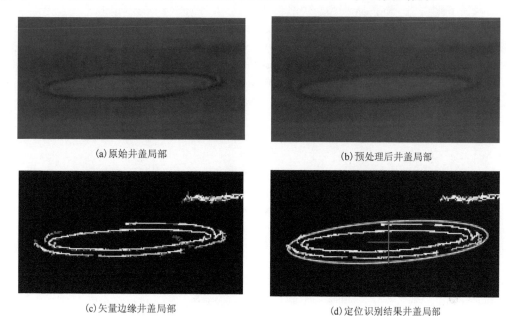

(a) 原始井盖局部　　　　　　　　　(b) 预处理后井盖局部

(c) 矢量边缘井盖局部　　　　　　　(d) 定位识别结果井盖局部

图 5-11　井盖定位识别各步骤结果局部放大图

5.2.4　结　　论

（1）提出一种复杂背景下基于轮廓链表最小二乘椭圆拟合技术的路面井盖目标定位识别算法，实现了对井盖目标的快速定位与有效识别，获取了井盖拟合椭圆在图像中的几何定位参数（中心坐标、长短轴长度、旋转角度）。

（2）矢量边缘信息的有效提取为获取轮廓链表奠定了重要基础，而采用基于轮廓链表的椭圆拟合检测技术，有助于降低算法时空复杂度，满足系统实时性处理的需求。

（3）本小节提出的算法具有较高的效率，可实时对复杂环境下井盖目标进行快速有效的定位识别，并应用于市政井盖的实际数字化采集业务中。

（4）对于一些特殊情况，本小节提出的算法能否给出准确的定位识别结果还有待进一步的实践检验和深入研究。

参 考 文 献

[1] 宫鹏，黎夏，徐冰. 高分辨率影像解译理论与应用方法中的一些研究问题. 遥感学报，2006, 10(1):1-5.

[2] Huang X, Zhang L P. An adaptive mean-shift analysis approach for object extraction and classification from urban hyperspectral imagery. IEEE Trans Geosci Remote Sensing, 2008, 46(12): 4173–4185.

[3] 罗伊萍. LIDAR 数据滤波和影像辅助提取建筑物. 郑州：解放军信息工程大学博士学位论文, 2010.

[4] Chen G, Hay G J. An airborne lidar sampling strategy to model forest canopy height from QuickBird imagery and GEOBIA. Remote Sensing of Environment, 2011, 115(6): 1532-1542.

[5] 李卉，钟成，黄先锋，等. 集成激光雷达数据和遥感影像的立交桥自动检测方法. 测绘学报, 2012, 41(3):428-433.

[6] Douglas D H, Peucker T K. Algorithms for the reduction of the number of points required to represent a digitised line or its caricature. The Canadian Cartographer,1973,10(2):112-122.

[7] Li Z L, Openshaw S. Algorithms for automated line generalisation based on a natural principle of objective generalization. International Journal of Geographic Information Systems, 1992,6(5): 373-389.

[8] Partha B, Bhargab B. Fast polygonal approximation of digital curves using relaxed straightness properties.IEEE Transactions on Pattern Analysis and Machine Intelligence, 2007,29(9): 1590-1602.

[9] 王家耀, 李志林, 武芳. 数字地图综合进展. 北京: 科学出版社, 2011.

[10] Wu J W, Sun J, Yao W, et al. Building boundary improvement for true orthophoto generation by fusing airborne LiDAR data// Stilla U, Gamba P, Juergens C, et al JURSE - Joint Urban Remote Sensing Event-Munich.Proc Joint Urban Remote Sensing Event, 2011, 1(2):125-128.

[11] Liu J H, Zhang J, Xu F, et al. An adaptive algorithm for automated polygonal approximation of high spatial resolution remote sensing imagery segmentation contours. IEEE Transactions on Geoscience and Remote Sensing, 2014, 52(2):1099-1106.

[12] Bazi Y, Melgani F, Al-Sharari H D. Unsupervised change detection in multispectral remotely sensed imagery with level set methods. IEEE Transactions on Geoscience and Remote Sensing, 2010,48(8):3178-3187.

[13] Aksoy S, Yalniz I Z, Tasdemir K. Automatic detection and segmentation of orchards using very high resolution imagery. IEEE Transactions on Geoscience and Remote Sensing,2012,50(8): 3117-3131.

[14] Das S, MirnalineeT T, Varghese K. Use of salient features for the design of a multistage framework to extract roads from high-resolution multispectral satellite images. IEEE Transactions on Geoscience and Remote Sensing, 2011,49(10):3906-3931.

[15] Thomas N, Hendrix C, Congalton R G. A comparison of urban mapping methods using high-resolution digital imagery. Photogrammetric Engineering & Remote Sensing, 2003,69(9):963-972.

[16] Zhou W, Troy A. An object-oriented approach for analysing and characterizing urban landscape at the parcel level. International Journal of Remote Sensing, 2008,29(11):3119-3135.

[17] Stow D, Hamada Y, Coulter L, et al. Monitoring shrubland habitat changes through object-based change identification with airborne multispectral imagery. Remote Sensing of Environment,2008,112(3):1051-1061

[18] Blaschke T. Object based image analysis for remote sensing. ISPRS Journal of Photogrammetry and Remote Sensing, 2010,65(1):2-16.

[19] Liu J H, Mao Z Y. A survey on high spatial resolution remotely sensed imagery segmentation techniques and application strategy. Remote Sensing Information,2009,6(1):95-101.

[20] Wang J Y, Li Z L, Wu F. Advances in digital map generalization. Beijing: Chinese Science Press, 2011.

[21] SaalfeldA. Topologically consistent line simplification with the Douglas Peucker algorithm. Cartography and Geographic Information Science, 1999,26(1):7-18.

[22] Yang D Z, Wang J C, Lü G N. Study of realization method and improvement of Douglas-Peucker algorithm of vector data compressing. Bulletin of Surveying and Mapping, 2002(7):18-19.

[23] Huang P Z. Vector data compression with prediction function. Acta Geodaetica et Cartographica Sinica, 1995,24(4):316-320.

[24] Visvalingam M, Whyatt J D. Line generalisation by repeated elimination of points. The Cartographic Journal, 1993,30(1): 46-51.

[25] Nock R, Nielsen F. Statistical region merging. IEEE Transactions on Pattern Analysis and Machine Intelligence, 2004,26(11):1452-1458.

[26] Mcfeeters S K. The use of the Normalized Difference Water Index (NDWI) in the delineation of open water features. International Journal of Remote Sensing,1996,17(7):1425-1432.

[27] Orfeo Toolbox: http://www.orfeo-toolbox.org/doxygen/index.html.

[28] Rosin P L. Techniques for assessing polygonal approximations of curves. IEEE Transactions on Pattern Analysis and Machine Intelligence, 1997,19(6):659-666.

[29] How simplify line or polygonworks:http://help.arcgis.com/en/arcgisdesktop/10.0/help/#/How_Simplify_Line_or_Polygon_works/001300000045000000/.

[30] 晏晓红. 基于 MMS 移动测量系统的交通安全设施地理信息采集. 城市勘测, 2012(1):13-15.

[31] 李夕银.GPS 在 GIS 数据采集中的应用.测绘通报,2002(05):23-24,28.

[32] 李向红.城市路面井盖管理问题探讨.市政技术, 2009, 27(6): 560-563.

[33] Xu L, Oja E. Randomized hough transform (RHT): basic mechanisms, algorithms and computational complexities. CVGIP: Image Understanding, 1993, 57(2):131-154.

[34] Mclaughlin R A. Randomized hough transform: improved ellipse detection with comparison. Pattern Recognition Letters, 1998, 19(3/4): 299-305.

[35] 陈燕新, 戚飞虎.一种新的基于随机 Hough 变换的椭圆检测方法.红外与毫米波学报, 2000, 19(1):43-47.

[36] 袁理, 叶露, 贾建禄. 基于 Hough 变换的椭圆检测算法.中国光学与应用光学, 2010, 3(4):379-384.

[37] Rad R S, Smith K C, Benhabib B,et al. Application of moment and fourier descriptors to the accurate estimation of elliptical-shape parameters . PatternRecognition Letters,1992,13(7):497-508.

[38] Voss K, Suesse H.Invariant fitting of planar objects by primitives. IEEE Transactions on Pattern Analysis and Machine Intelligence, 1997, 19(1):80-84.

[39] Rosin P L. A note on the least squares fitting of ellipses. Pattern Recognition Letters, 1993, 14(10):799-808.

[40] Gander W, Golub GH, Strebel R. Least-square fitting of circles and ellipses. BIT Numerical Mathematics, 1994, 34(4):558-578.

[41] Fitzgibbon A, Pilu M, Fisher R B. Direct least square fitting of ellipses. IEEE Transactions on Pattern Analysis and Machine Intelligence, 1999, 5(21):558-578.

[42] 邹益民, 汪渤.一种基于最小二乘的不完整椭圆拟合算法. 仪器仪表学报, 2006, 27(7):808-812.

[43] 安新源. 周宗潭. 胡德文. 椭圆拟合的非线性最小二乘方法. 计算机工程与应用, 2009, 45(18):190.